Christian Liutik

Rotierende Neutronensterne

Christian Liutik

Rotierende Neutronensterne

Approximation des äußeren Gravitationsfeldes
rotierender Neutronensterne durch exakte
Lösungen der Einstein-Gleichungen

Südwestdeutscher Verlag für Hochschulschriften

Impressum/Imprint (nur für Deutschland/only for Germany)
Bibliografische Information der Deutschen Nationalbibliothek: Die Deutsche Nationalbibliothek verzeichnet diese Publikation in der Deutschen Nationalbibliografie; detaillierte bibliografische Daten sind im Internet über http://dnb.d-nb.de abrufbar.
Alle in diesem Buch genannten Marken und Produktnamen unterliegen warenzeichen-, marken- oder patentrechtlichem Schutz bzw. sind Warenzeichen oder eingetragene Warenzeichen der jeweiligen Inhaber. Die Wiedergabe von Marken, Produktnamen, Gebrauchsnamen, Handelsnamen, Warenbezeichnungen u.s.w. in diesem Werk berechtigt auch ohne besondere Kennzeichnung nicht zu der Annahme, dass solche Namen im Sinne der Warenzeichen- und Markenschutzgesetzgebung als frei zu betrachten wären und daher von jedermann benutzt werden dürften.

Coverbild: www.ingimage.com

Verlag: Südwestdeutscher Verlag für Hochschulschriften GmbH & Co. KG
Heinrich-Böcking-Str. 6-8, 66121 Saarbrücken, Deutschland
Telefon +49 681 37 20 271-1, Telefax +49 681 37 20 271-0
Email: info@svh-verlag.de

Zugl.: Jena, Friedrich-Schiller-Universität, Dissertation, 2011

Herstellung in Deutschland:
Schaltungsdienst Lange o.H.G., Berlin
Books on Demand GmbH, Norderstedt
Reha GmbH, Saarbrücken
Amazon Distribution GmbH, Leipzig
ISBN: 978-3-8381-3185-6

Imprint (only for USA, GB)
Bibliographic information published by the Deutsche Nationalbibliothek: The Deutsche Nationalbibliothek lists this publication in the Deutsche Nationalbibliografie; detailed bibliographic data are available in the Internet at http://dnb.d-nb.de.
Any brand names and product names mentioned in this book are subject to trademark, brand or patent protection and are trademarks or registered trademarks of their respective holders. The use of brand names, product names, common names, trade names, product descriptions etc. even without a particular marking in this works is in no way to be construed to mean that such names may be regarded as unrestricted in respect of trademark and brand protection legislation and could thus be used by anyone.

Cover image: www.ingimage.com

Publisher: Südwestdeutscher Verlag für Hochschulschriften GmbH & Co. KG
Heinrich-Böcking-Str. 6-8, 66121 Saarbrücken, Germany
Phone +49 681 37 20 271-1, Fax +49 681 37 20 271-0
Email: info@svh-verlag.de

Printed in the U.S.A.
Printed in the U.K. by (see last page)
ISBN: 978-3-8381-3185-6

Copyright © 2012 by the author and Südwestdeutscher Verlag für Hochschulschriften GmbH & Co. KG and licensors
All rights reserved. Saarbrücken 2012

Inhaltsverzeichnis

1	**Einleitung**	**3**
2	**Grundlagen**	**5**
2.1	Stationäre, axialsymmetrische Vakuumraumzeiten	5
	2.1.1 Das Linienelement	5
	2.1.2 Die ERNST-Gleichung	7
2.2	Die inverse Methode	8
	2.2.1 Das Lineare System zur ERNST-Gleichung	9
	2.2.2 BÄCKLUND-Transformationen	10
	2.2.3 Eigenschaften der BÄCKLUND-Parameter	15
2.3	Der explizite Aufbau der Metrik	18
	2.3.1 Die metrische Funktion a	18
	2.3.2 Die metrische Funktion e^{2k}	22
	2.3.3 Die Bestimmung der Integrationskonstanten	29
3	**Algorithmus**	**33**
3.1	Das ERNST-Potential auf der Rotationsachse	33
	3.1.1 Vorzeichen beim Radizieren	34
	3.1.2 Bestimmung der BÄCKLUND-Parameter	34
	3.1.3 Äquatorsymmetrie	40
3.2	Konstruktion eines Achsenpotentials	40
	3.2.1 Konstruktion aus den Multipolmomenten	41
	3.2.2 Konstruktion aus Neutronensterndaten auf der Achse	42
3.3	Beispiel: Die KERR-Lösung	43
	3.3.1 Das ERNST-Potential der KERR-Lösung	44
	3.3.2 Die KERR-Metrik	45
3.4	Kritische Punkte und Singularitäten	48
	3.4.1 Nullstellen der Nennerdeterminante für $n = 1$	49

		3.4.2 Nullstellen der Nennerdeterminante für $n=2$	53

4 Ergebnisse — **59**

    4.1 Ein homogener Neutronenstern 59
        4.1.1 Vergleich der metrischen Funktionen 60
        4.1.2 Die Oberfläche eines Neutronensterns 65
        4.1.3 Vergleich physikalischer Eigenschaften 70
    4.2 Ein polytroper Neutronenstern 72
    4.3 Ein *strange-quark*-Stern 75
    4.4 Die generalisierte SCHWARZSCHILD-Klasse 79

Zusammenfassung und Ausblick — **83**

Literaturverzeichnis — **85**

Danksagung — **91**

Kapitel 1

Einleitung

Als JOHN SCOTT RUSSEL 1834 erstmals nachweislich ein Soliton beobachtet hat, konnte er sicher nicht ahnen, dass die mathematische Beschreibung dieses Phänomens zur Lösung vieler weiterer Probleme beitragen könnte. Der Anwendungsbereich der Solitonentheorie ist heute sehr umfangreich und deckt neben Optik und Quantenphysik u.a. auch die Gravitationsphysik ab.

Letztere wurde durch ALBERT EINSTEIN mit der Entdeckung der Allgemeinen Relativitätstheorie revolutioniert. Raum und Zeit sind fortan keine absoluten und trennbaren Begriffe mehr, sondern gehorchen als Raumzeit den EINSTEIN'schen Feldgleichungen. Bereits kurz nach deren Veröffentlichung war es KARL SCHWARZSCHILD 1916 [Sch16], der die erste exakte nichttriviale Lösung gefunden hat. Diese beschreibt den Außenraum einer kugelsymmetrischen Massenverteilung.

Erst 1963 gelang es ROY PATRICK KERR, eine exakte Lösung für rotierende Objekte zu finden: Das Außenfeld eines rotierenden Schwarzen Lochs [Ker63]. GERNOT NEUGEBAUER und REINHARD MEINEL konstruierten 1995 eine weitere exakte Lösung, die eine starr rotierende Staubscheibe beschreibt [NM95].

Neben den wenigen physikalisch anschaulichen Lösungen existieren weitere (vgl. [SKM+03]), die nicht unbedingt astrophysikalische Bedeutung haben müssen. So ist es GERNOT NEUGEBAUER 1979 durch die anfangs erwähnte Solitonentheorie gelungen, eine ganze Klasse von Lösungen unter den Symmetrieannahmen der Axialsymmetrie und Stationarität zu finden (vgl. [Neu79]). Dazu wurden die EINSTEIN'schen Feldgleichungen für diese Symmetrien zur ERNST-Gleichung umformuliert (vgl. [Ern68a],[Ern68b] und [KN68]). Diese erlaubte die Einführung eines linearen Matrixproblems (vgl. [Mai78], [BZ78], [Har78] und [Neu79]) dessen Integrabilitätsbedingung gcrade die ERNST-Gleichung ist.

Deren Lösungen wurden in den letzten zwei Jahrzehnten in zahlreichen Veröffentlichungen auf physikalische Problemstellungen angewandt (vgl [MS93], [SC02], [BS04] und [Pap09]). In dieser Arbeit wird die ERNST-Gleichung durch BÄCKLUND-Transformationen des MINKOWSKI-Raumes gelöst (vgl. [Neu79], insbesondere [Neu80a]). Diese Lösungsklasse soll dann benutzt werden, das äußere Gravitationsfeld numerisch berechneter Neutronensterne zu approximieren. Dabei wird eine Approximation mit wenigen (nicht mehr als zehn) konstanten Parametern angestrebt, die das Außenfeld bis auf eine Ungenauigkeit von wenigen Prozenten genau beschreiben kann.

Notation und Konvention

Für die Rechnungen im Rahmen der Allgemeinen Relativitätstheorie laufen die lateinischen Indizes $(i, j, k, \ldots)$ von Eins bis Vier. Da ausschließlich Koordinaten $(\varrho, \zeta, \varphi, t)$ vorkommen, können diese als zu den Indizes synonym gelesen werden. Die Signatur der Metrik ist $(+, +, +, -)$ und es gilt $G = c = 1$, wobei G die NEWTON'sche Gravitationskonstante und c die Lichtgeschwindigkeit ist.

Die in Kapitel 2.2.2 gefunden Lösungen der Vakuumfeldgleichungen werden als $2n$-fache oder $(n = j)$-BÄCKLUND-Lösungen $(j = 1, 2, \ldots)$ bezeichnet, damit die Anzahl der eingehenden Parameter sofort klar wird. Die Begriffe „numerische (AKM)-Lösung" bzw. „numerisch berechneter Neutronenstern" stehen für eine numerische Lösung der EINSTEIN'schen Feldgleichungen als freies Randwertproblem, d.h. neben dem Außenraum ist zusätzlich die Metrik im Sterninneren und die Gestalt der Sternoberfläche bekannt.

Unter den Symmetrieannahmen Axialsymmetrie, Stationarität und Äquatorsymmetrie reicht die Betrachtung von ϱ und ζ im ersten Quadranten völlig aus. Manchmal kann es aber für eine bessere Darstellung sinnvoll sein, eine erweiterte (ϱ, ζ)-Ebene zu betrachten. Diese ergibt sich durch Spiegelung des ersten Quadranten an der Äquatorebene und anschließender Rotation um $\varphi = \pi$, so dass man ϱ und ζ im Intervall $(-\infty, \infty)$ darstellen kann.

In Kapitel 4 wird die Approximationsmethode als von einer Zustandsgleichung unabhängig bezeichnet. Damit ist folgendes gemeint: Kann man von einem Stern genügend Parameter (bspw. Masse M, Winkelgeschwindigkeit Ω, relative Gravtiationsrotverschiebung usw.) beobachten und daraus ein Achsenpotential konstruieren, erlaubt der Algorithmus die Beschreibung des Außenfeldes dieses Neutronensterns ohne etwas über seinen inneren Aufbau zu wissen. Für die in dieser Arbeit betrachtete Approximation einer numerischen Lösung ist die Zustandsgleichung für die numerische Berechnung notwendig.

Kapitel 2

Grundlagen

Dieses Kapitel dient der Untersuchung stationärer, axialsymmetrischer Vakuumraumzeiten, welche das äußere Gravitationsfeld der in dieser Arbeit betrachteten Neutronensterne beschreiben. Dazu werden die Feldgleichungen zuerst zur ERNST-Gleichung zusammengefasst, die wiederum Integrabilitätsbedingung eines linearen Matrixproblems ist. Nach Vorstellung einer speziellen Methode zur Lösung dieses Problems werden die analytischen Ausdrücke hergeleitet, die - bei geschickter Wahl der eingehenden Parameter - das Außenfeld eines Neutronensterns approximieren können.

2.1 Stationäre, axialsymmetrische Vakuumraumzeiten

In dieser Arbeit soll davon ausgegangen werden, dass das äußere Gravitationsfeld eines Neutronensterns am Ende seiner Entwicklung axialsymmetrisch und stationär ist. Man stellt sich also vor, dass nach dem Gravitationskollaps der entstandene Neutronenstern einen stationären Gleichgewichtszustand eingenommen hat. In diesem ist Axialsymmetrie eine plausible Annahme, da Abweichungen davon bei Rotation des Neutronensterns zur Abstrahlung von Gravitationswellen führten. Der damit verbundene Energieverlust stünde im Widerspruch zu einem Endzustand im Gleichgewicht.

2.1.1 Das Linienelement

Die in dieser Arbeit grundlegenden Annahmen der Stationarität und Axialsymmetrie motivieren dazu, eine Zeitkoordinate t und einen Azimutwinkel φ einzuführen, von denen die Metrik nicht abhängt. Kovariant lassen sich die beiden Symmetrien durch ein zeitartiges[1] KILLING-Vektorfeld ξ^i und ein raumartiges KILLING-Vektorfeld η^i ausdrücken. Dabei ist ξ^i durch

$$\xi^i \xi_i \to -1 \quad \text{im räumlich Unendlichen} \tag{2.1}$$

normiert und die Orbits von η^i sind geschlossen und 2π-periodisch.

Unter diesen Annahmen[2] kann das Linienelement immer in der folgenden Form geschrieben werden (vgl. [Lew32] und [Pap66]):

$$\mathrm{d}s^2 = \mathrm{e}^{-2U}\left[\mathrm{e}^{2k}\left(\mathrm{d}\varrho^2 + \mathrm{d}\zeta^2\right) + W^2\mathrm{d}\varphi^2\right] - \mathrm{e}^{2U}\left(\mathrm{d}t + a\,\mathrm{d}\varphi\right)^2, \tag{2.2}$$

in der die Funktionen e^{2U}, a, e^{2k} und W nur noch von ϱ und ζ abhängen.

Die Vakuum-Feldgleichung für W lautet:

$$W_{,\varrho\varrho} + W_{,\zeta\zeta} = 0, \tag{2.3}$$

d.h. es lassen sich neue Koordinaten $\varrho' = W$ und ζ' einführen, in denen das Linienelement die Form

$$\mathrm{d}s^2 = \mathrm{e}^{-2U}\left[\mathrm{e}^{2k'}\left(\mathrm{d}\varrho'^2 + \mathrm{d}\zeta'^2\right) + \varrho'^2\mathrm{d}\varphi^2\right] - \mathrm{e}^{2U}\left(\mathrm{d}t + a\mathrm{d}\varphi\right)^2 \tag{2.4}$$

annimmt. Die Umrechnung der Koordinaten gestaltet sich am elegantesten, wenn man einen kleinen Umweg über die komplexen Koordinaten

$$z := \varrho + \mathrm{i}\zeta \quad \text{und} \quad \bar{z} := \varrho - \mathrm{i}\zeta \tag{2.5}$$

einschlägt. Betrachtet man nun eine holomorphe Transformation zu neuen, analog definierten Koordinaten z' und $\bar{z}'$ in der Form

$$z' = F(z) \quad \Rightarrow \quad \mathrm{d}z' = \mathrm{d}F(z) = \frac{\mathrm{d}F}{\mathrm{d}z}\mathrm{d}z = \dot{F}\,\mathrm{d}z \quad \text{bzw.} \quad \mathrm{d}\bar{z}' = \dot{\bar{F}}\,\mathrm{d}\bar{z},$$

so ändert sich dabei die Gestalt des Linienelements nicht. Wegen

$$\mathrm{d}\varrho'^2 + \mathrm{d}\zeta'^2 = \mathrm{d}z'\,\mathrm{d}\bar{z}' = |\dot{F}|^2 \mathrm{d}z\,\mathrm{d}\bar{z} = |\dot{F}|^2\left(\mathrm{d}\varrho^2 + \mathrm{d}\zeta^2\right)$$

liefert ein Vergleich von (2.2) und (2.4):

$$\mathrm{e}^{2k'} = \mathrm{e}^{2k}|\dot{F}|^{-2}.$$

---

[1]In der Ergosphäre wird ξ^i raumartig. Jedoch existiert weiterhin eine zeitartige Linearkombination aus ξ^i und η^i.

[2]Zusätzlich muss die sog. Zirkularitätsbedingung erfüllt sein, was im Vakuum und für ideale Flüssigkeitskörper mit rein azimutalem Geschwindigkeitsfeld der Fall ist (vgl. [KT66]).

Da die Koordinatentransformation zusätzlich $\varrho' = W(\varrho, \zeta)$ erfüllen soll, muss noch die harmonisch konjugierte Funktion $\zeta' = \zeta'(\varrho, \zeta)$ bestimmt werden:

$$\zeta' = \int \frac{\partial \zeta'}{\partial \varrho} \, \mathrm{d}\varrho + \frac{\partial \zeta'}{\partial \zeta} \, \mathrm{d}\zeta = \int -\frac{\partial \varrho'}{\partial \zeta} \, \mathrm{d}\varrho + \frac{\partial \varrho'}{\partial \varrho} \, \mathrm{d}\zeta = \int -\frac{\partial W}{\partial \zeta} \, \mathrm{d}\varrho + \frac{\partial W}{\partial \varrho} \, \mathrm{d}\zeta. \quad (2.6)$$

Dieses Linienintegral ist wegen (2.3) wegunabhängig, allerdings kann der Integrationsweg eingeschränkt sein (vgl. [PA08]).

Im Folgenden werden die Striche an ϱ, ζ und k wieder weggelassen und es ist von WEYL-Koordinaten die Rede, falls das Linienelement in der Form (2.4) vorliegt, was - bis auf wenige Ausnahmen - in der vorliegenden Arbeit stets der Fall sein soll.

Nützliche Eigenschaften der metrischen Funktionen sind:

- einige können durch Skalarprodukte der KILLING-Vektoren koordinatenunabhängig dargestellt werden:

$$\xi^i \xi_i = -\mathrm{e}^{2U}, \quad \eta^i \eta_i = \varrho^2 \mathrm{e}^{-2U} \quad \text{und} \quad \xi^i \eta_i = -a\mathrm{e}^{2U}, \quad (2.7)$$

- auf der Rotationsachse gilt:

$$\varrho \to 0: \quad a \to 0 \quad \text{und} \quad k \to 0, \quad (2.8)$$

- im räumlich Unendlichen gilt:

$$\varrho^2 + \zeta^2 \to \infty: \quad a \to 0, \quad k \to 0 \quad \text{und} \quad U \to 0, \quad (2.9)$$

d.h. das Linienelement geht in das des MINKOWSKI-Raumes in Zylinderkoordinaten über:

$$\mathrm{d}s^2 = \mathrm{d}\varrho^2 + \mathrm{d}\zeta^2 + \varrho^2 \mathrm{d}\varphi^2 - \mathrm{d}t^2. \quad (2.10)$$

2.1.2 Die ERNST-Gleichung

Die EINSTEIN'schen Feldgleichungen im Vakuum lauten unter den o.g. Voraussetzungen:[3]

$$U_{,\varrho\varrho} + U_{,\zeta\zeta} + \frac{U_{,\varrho}}{\varrho} + \frac{\mathrm{e}^{4U}}{2\varrho^2} \left(a_{,\varrho}^2 + a_{,\zeta}^2 \right) = 0, \quad (2.11)$$

$$\left(\frac{\mathrm{e}^{4U} a_{,\varrho}}{\varrho} \right)_{,\varrho} + \left(\frac{\mathrm{e}^{4U} a_{,\zeta}}{\varrho} \right)_{,\zeta} = 0 \quad (2.12)$$

$$\text{und} \quad k_{,\varrho\varrho} + k_{,\zeta\zeta} + U_{,\varrho}^2 + U_{,\zeta}^2 + \frac{\mathrm{e}^{4U}}{4\varrho^2} \left(a_{,\varrho}^2 + a_{,\zeta}^2 \right) = 0. \quad (2.13)$$

---
[3]Es geht Differentiation vor Quadrieren, d.h. $a_{,\varrho}^2 := (a_{,\varrho})^2$.

Anstelle der letzten Gleichung können auch die beiden folgenden stehen:[4]

$$k_{,\varrho} = \varrho \left[U_{,\varrho}^2 - U_{,\zeta}^2 - \frac{e^{4U}}{4\varrho^2}\left(a_{,\varrho}^2 - a_{,\zeta}^2\right) \right] \quad \text{und} \quad k_{,\zeta} = 2\varrho \left[U_{,\varrho}U_{,\zeta} - \frac{e^{4U}a_{,\varrho}a_{,\zeta}}{4\varrho^2} \right]. \quad (2.14)$$

Damit kann man nun, nach Berechnung von U und a aus den ersten beiden Feldgleichungen, k anschließend über ein wegunabhängiges Linienintegral bestimmen.

Gleichung (2.12) motiviert die Einführung eines neuen Potentials b, dessen Integrabilitätsbedingung gerade die zweite Feldgleichung ist:

$$b_{,\varrho} = -\frac{e^{4U}a_{,\zeta}}{\varrho} \quad \text{und} \quad b_{,\zeta} = \frac{e^{4U}a_{,\varrho}}{\varrho}. \quad (2.15)$$

An die Stelle von (2.12) tritt nun die Integrabilitätsbedingung für a und durch die Einführung des komplexen ERNST-Potentials

$$f := e^{2U} + ib \quad (2.16)$$

können die beiden gekoppelten Feldgleichungen für U und b zur ERNST-Gleichung

$$(\operatorname{Re} f)\left(f_{,\varrho\varrho} + f_{,\zeta\zeta} + \frac{f_{,\varrho}}{\varrho} \right) = f_{,\varrho}^2 + f_{,\zeta}^2 \quad (2.17)$$

zusammengefasst werden (vgl. [Ern68a],[Ern68b] und [KN68]).

2.2 Die inverse Methode

Neben einigen anderen nichtlinearen partiellen Differentialgleichungen, wurde auch zur ERNST-Gleichung ein Lineares System gefunden, dessen Integrabilitätsbedingung gerade (2.17) ist. Diesem bemerkenswerten Umstand ist es zu verdanken, dass diese mit analytischen Methoden so umfangreich untersucht werden kann, was im Folgenden kurz skizziert werden soll.

Der Formalismus als Ganzes läuft unter dem Namen „Inverse (Streu-)Methode", wobei in dieser Arbeit nur die BÄCKLUND-Transformationen - ihrer wenigen freien Parameter wegen - Anwendung finden.

---

[4]Mit Hilfe von (2.11) und (2.12) kann aus (2.14) die Feldgleichung (2.13) hergeleitet und die Integrabilitätsbedingung $k_{,\varrho\zeta} = k_{,\zeta\varrho}$ überprüft werden.

2.2.1 Das Lineare System zur ERNST-Gleichung

In der NEUGEBAUER'schen Formulierung (vgl. [Neu80b] und [NK83]) schreibt man das Lineare Problem wie folgt:

$$\Phi_{,z} = \left[\begin{pmatrix} B & 0 \\ 0 & A \end{pmatrix} + \lambda \begin{pmatrix} 0 & B \\ A & 0 \end{pmatrix}\right]\Phi, \tag{2.18a}$$

$$\Phi_{,\bar{z}} = \left[\begin{pmatrix} \bar{A} & 0 \\ 0 & \bar{B} \end{pmatrix} + \frac{1}{\lambda} \begin{pmatrix} 0 & \bar{A} \\ \bar{B} & 0 \end{pmatrix}\right]\Phi, \tag{2.18b}$$

wobei $\Phi(z, \bar{z}, \lambda)$ eine (2×2)-Matrix ist und neben den komplexen Koordinaten z und $\bar{z}$ von einem spektralen Parameter

$$\lambda = \sqrt{\frac{K - i\bar{z}}{K + iz}} \quad \text{mit } K \in \mathbb{C}, K = \text{const.} \tag{2.19}$$

abhängt. A und B, ebenso wie die komplex konjugierten $\bar{A}$ und $\bar{B}$, sind Funktionen von z und $\bar{z}$, hängen insbesondere nicht von K oder λ ab.

Schreibt man die Integrabilitätsbedingung $\Phi_{,\bar{z}z} = \Phi_{,z\bar{z}}$ unter Verwendung von

$$\lambda_{,z} = \frac{\lambda(\lambda^2 - 1)}{2(z + \bar{z})} \quad \text{und} \quad \lambda_{,\bar{z}} = \frac{\lambda^2 - 1}{2\lambda(z + \bar{z})} \tag{2.20}$$

auf, so erhält man ein Matrixpolynom in λ. Die Hauptdiagonale hängt nicht von λ ab und es lassen sich „Erste Integrale"

$$A = \frac{f_{,z}}{f + \bar{f}} \quad \text{und} \quad B = \frac{\bar{f}_{,z}}{f + \bar{f}} \tag{2.21}$$

einführen, so dass die Gleichungen für die Hauptdiagonalelemente identisch erfüllt sind. Für die Nebendiagonalelemente müssen die Einträge für alle λ verschwinden, woraus

$$A_{,\bar{z}} = A(\bar{B} - \bar{A}) - \frac{A + \bar{B}}{2(z + \bar{z})} \quad \text{und} \quad B_{,\bar{z}} = B(\bar{A} - \bar{B}) - \frac{B + \bar{A}}{2(z + \bar{z})} \tag{2.22}$$

folgt. Setzt man nun (2.21) in die verbleibenden Gleichungen (2.22) ein, so erhält man die ERNST-Gleichung (und ihr komplex Konjugiertes).

Andererseits, wenn f Lösung der ERNST-Gleichung (2.17) ist, kann die Matrix Φ nach (2.18) durch ein wegunabhängiges Integral berechnet werden, d.h. die ERNST-Gleichung und das Lineare System sind äquivalent.

Allerdings sind die Lösungsmethoden eines linearen Matrixproblems umfangreicher als die einer nichtlinearen partiellen Differentialgleichung (insbesondere gilt bei letzterer nicht, dass die Summe zweier Lösungen wieder eine Lösung darstellt). Daher ist die Idee der inversen Methode nun, Φ für fixierte (aber beliebige) z und $\bar z$ zu diskutieren, anschließend A und B sowie letztlich f daraus zu berechnen.

Man kann f auch direkt aus Φ berechnen, wenn letzteres in der sog. Standardform vorliegt. Diese zeichnet sich durch folgende Eigenschaften aus:

$$\Phi_{,z}\Phi^{-1} = \mathbf{Q} + \lambda\mathbf{R}, \quad \Phi_{,\bar z}\Phi^{-1} = \mathbf{S} + \mathbf{T}/\lambda, \tag{2.23a}$$

$$\Phi = \begin{pmatrix} \psi(\lambda) & \psi(-\lambda) \\ \chi(\lambda) & -\chi(-\lambda) \end{pmatrix}, \tag{2.23b}$$

$$\overline{\psi\left(1/\bar\lambda\right)} = \chi(\lambda) \quad \text{und} \tag{2.23c}$$

$$\psi(\lambda = -1) = \chi(\lambda = -1) = 1. \tag{2.23d}$$

Hierbei sind $\mathbf{Q}$, $\mathbf{R}$, $\mathbf{S}$ und $\mathbf{T}$ beliebige (2×2)-Matrizen, die nicht von λ oder K abhängen. Nach [Neu96] ist jedes Φ in Standardform eine Lösung von (2.18). Insbesondere gilt für $\lambda = 1$ folgende Verbindung zwischen Φ und f:

$$f = \chi(\lambda = 1). \tag{2.24}$$

Wegen (2.23b) bis (2.23d) gilt somit:

$$\Phi(\lambda = 1) = \begin{pmatrix} \bar f & 1 \\ f & -1 \end{pmatrix}. \tag{2.25}$$

Auf die entscheidende Frage, wie man nun Matrizen Φ findet, welche (2.23a) erfüllen, soll nun eine mögliche Antwort gegeben werden.

2.2.2 BÄCKLUND-Transformationen

Ausgehend von einer bekannten „Start-Lösung" (*seed solution*) f_0 der ERNST-Gleichung (2.17) kann man über (2.25) die zugehörige „Start-Matrix" Φ_0 berechnen. Durch den Ansatz

$$\Phi = \mathbf{P}\Phi_0 \quad \text{mit} \quad \mathbf{P} = \mu(z,K)\tilde{\mathbf{P}} = \left(\frac{K+\mathrm{i}z}{K}\right)^n \sum_{j=0}^{2n} \mathbf{P}_j \lambda^j, \tag{2.26}$$

bei dem die (2×2)-Koeffizientenmatrizen $\mathbf{P}_j$ des Matrixpolynoms $\tilde{\mathbf{P}}$ von z und $\bar z$ abhängen können, werden neue Lösungen des Linearen Systems (2.18) gesucht. Dabei stellt (2.26) eine sog. BÄCKLUND-Transformation eines ERNST-Potentials f_0 in ein neues f dar ($f_0 \to \Phi_0 \to \Phi \to f = \chi(\lambda = 1)$).

Im Ansatz (2.26) werden hier nur Polynome vom Grad $2n$ betrachtet, damit die Lösung asymptotisch flach ist. Mit

$$\tilde{\mathbf{P}}(\lambda) = \mathbf{P}_0 + \mathbf{P}_1 \lambda + \mathbf{P}_2 \lambda^2 + \cdots + \mathbf{P}_{2n} \lambda^{2n} = \begin{pmatrix} q(\lambda) & r(\lambda) \\ s(\lambda) & t(\lambda) \end{pmatrix} \qquad (2.27)$$

ist auch $\det \tilde{\mathbf{P}}$ ein Polynom in λ, jedoch vom Grad $4n$. Der Fundamentalsatz der Algebra erlaubt folgende Darstellung:

$$\det \tilde{\mathbf{P}} = p(z, \bar{z}) \prod_{j=1}^{4n} (\lambda - \lambda_j) \quad \text{mit} \quad \lambda_j = \sqrt{\frac{K_j - \mathrm{i}\bar{z}}{K_j + \mathrm{i}z}} \quad \text{und} \quad K_j = \text{const.}$$

Aus dem Ansatz (2.26) folgt:

$$\det \boldsymbol{\Phi}(\lambda) = \mu^2(z, K) \det \tilde{\mathbf{P}}(\lambda) \det \boldsymbol{\Phi}_0(\lambda) \qquad (2.28)$$

und somit ist λ_j auch eine Nullstelle[5] von $\det \boldsymbol{\Phi}$, d.h. unter Verwendung von (2.23b):

$$\det \boldsymbol{\Phi}(\lambda_j) = -\psi(\lambda_j)\chi(-\lambda_j) - \psi(-\lambda_j)\chi(\lambda_j) = 0.$$

Mit der Abkürzung

$$a_k := \frac{\psi(\lambda_k)}{\psi(-\lambda_k)} = -\frac{\chi(\lambda_k)}{\chi(-\lambda_k)} \qquad (2.29)$$

kann man nun einen nichttrivialen Null-Eigenvektor von $\boldsymbol{\Phi}(\lambda_k)$ angeben:

$$\begin{pmatrix} \psi(\lambda_k) & \psi(-\lambda_k) \\ \chi(\lambda_k) & -\chi(-\lambda_k) \end{pmatrix} \begin{pmatrix} 1 \\ -a_k \end{pmatrix} = \begin{pmatrix} 0 \\ 0 \end{pmatrix}. \qquad (2.30)$$

Schreibt man $\boldsymbol{\Phi}$ als $(\mathbf{v}_1, \mathbf{v}_2)$ und differenziert die Eigenwertgleichung $\mathbf{v}_1 = a_k \mathbf{v}_2$ nach z bzw. $\bar{z}$, so stellt man unter Verwendung des Linearen Systems (2.18) - welches auch jeweils für die Vektoren $\mathbf{v}_1$ und $\mathbf{v}_2$ gilt - fest, dass $a_k = \text{const.}$ gilt (es fehlen die Terme $a_{k,z}\mathbf{v}_2$ bzw. $a_{k,\bar{z}}\mathbf{v}_2$, welche nach der Produktregel eigentlich auftauchen müssten).

Denkt man sich in den Ansatz (2.26) die Eigenschaft von $\boldsymbol{\Phi}$ (2.23b) und die Struktur von $\tilde{\mathbf{P}}$ (2.27) eingesetzt, so ergibt bspw. das $(2,1)$-Element dieser Matrixgleichung:

$$\chi(\lambda) = \mu \left[s(\lambda)\psi_0(\lambda) + t(\lambda)\chi_0(\lambda) \right]. \qquad (2.31)$$

Der Übergang von λ nach $-\lambda$ in dieser Gleichung ist nur in Übereinstimmung mit dem $(2,2)$-Element zu bringen, wenn $t(\lambda)$ eine gerade und $s(\lambda)$ eine ungerade Funktion in λ ist (analoges gilt für $q(\lambda)$ bzw. $r(\lambda)$). Man kann also schreiben:

$$t(\lambda) = p_0 + p_2\lambda^2 + \cdots + p_{2n}\lambda^{2n} \quad \text{bzw.} \quad s(\lambda) = -p_1 - p_3\lambda - \cdots - p_{2n-1}\lambda^{2n-1}. \qquad (2.32)$$

---
[5] Man beachte, dass die λ_j noch von z und $\bar{z}$ abhängen.

Setzt man nun (2.31) für $\lambda = \lambda_k$ bzw. $K = K_k$ in (2.29) ein und sortiert die entstandene Gleichung etwas um, so erhält man

$$t(\lambda_k) - \alpha_k s(\lambda_k) = 0, \tag{2.33}$$

wobei mit
$$\alpha_k := \frac{t(\lambda_k)}{s(\lambda_k)} = -\frac{\psi_0(\lambda_k) - a_k \psi_0(-\lambda_k)}{\chi_0(\lambda_k) + a_k \chi_0(-\lambda_k)} =: -\frac{\psi_k}{\chi_k} \tag{2.34}$$

eine neue Bezeichnung eingeführt wurde. Mit der zusätzlichen Definition

$$\alpha_0(\lambda) := -\frac{\psi_0(\lambda)}{\chi_0(\lambda)} \tag{2.35}$$

schreibt sich (2.31) nun als

$$-\frac{\chi(\lambda)}{\mu \chi_0(\lambda)} + t(\lambda) - \alpha_0(\lambda) s(\lambda) = 0, \tag{2.36}$$

was für $\lambda \to -1$, d.h. $K \to \infty$, wegen der Normierungsbedingung (2.23d) zu

$$t(-1) + s(-1) = 1 \tag{2.37}$$

führt. Mit dem Ansatz (2.32) ergeben nun die Gleichungen (2.33), (2.36) und (2.37) folgendes Gleichungssystem:

$$\begin{pmatrix} 0 & 1 & 1 & 1 & 1 & \ldots & 1 \\ -1 & 1 & \alpha_0 \lambda & \lambda^2 & \alpha_0 \lambda^3 & \ldots & \lambda^{2n} \\ 0 & 1 & \alpha_1 \lambda_1 & \lambda_1^2 & \alpha_1 \lambda_1^3 & \ldots & \lambda_1^{2n} \\ \vdots & \vdots & \vdots & \vdots & \vdots & \ddots & \vdots \\ 0 & 1 & \alpha_{2n} \lambda_{2n} & \lambda_{2n}^2 & \alpha_{2n} \lambda_{2n}^3 & \ldots & \lambda_{2n}^{2n} \end{pmatrix} \begin{pmatrix} \frac{\chi}{\mu \chi_0} \\ p_0 \\ p_1 \\ \vdots \\ p_{2n} \end{pmatrix} = \begin{pmatrix} 1 \\ 0 \\ 0 \\ \vdots \\ 0 \end{pmatrix},$$

welches mit der CRAMER'schen Regel nach $\chi/\mu\chi_0$ aufgelöst werden kann. Die hierbei entstehenden Determinanten in Zähler und Nenner können jeweils nach der ersten Spalte entwickelt werden und man erhält folgendes Resultat:

$$\chi(\lambda) = \mu(z, K) \chi_0(\lambda) \frac{\mathfrak{A}_1(\alpha_0, \lambda)}{\mathfrak{A}_1(\alpha_0 = -1, \lambda = -1)}, \tag{2.38}$$

wobei

$$\mathfrak{A}_1(\alpha_0, \lambda) := \begin{vmatrix} 1 & \alpha_0 \lambda & \lambda^2 & \alpha_0 \lambda^3 & \ldots & \lambda^{2n} \\ 1 & \alpha_1 \lambda_1 & \lambda_1^2 & \alpha_1 \lambda_1^3 & \ldots & \lambda_1^{2n} \\ \vdots & \vdots & \vdots & \vdots & \ddots & \vdots \\ 1 & \alpha_{2n} \lambda_{2n} & \lambda_{2n}^2 & \alpha_{2n} \lambda_{2n}^3 & \ldots & \lambda_{2n}^{2n} \end{vmatrix}$$

eine Abkürzung ist.

Über (2.23b) und (2.23c) kann man nun die komplette Matrix Φ berechnen und die Auswertung von (2.38) an der Stelle $\lambda = 1$ liefert das neue ERNST-Potential. Im Moment hängt dieses noch von der „Start-Lösung" Φ_0 bzw. f_0 ab, wobei jede Matrix, die Lösung des Linearen Systems (2.18) ist bzw. jedes ERNST-Potential, welches die ERNST-Gleichung (2.17) löst, potentiell als solche in Frage kommt.

Hier wird im Folgenden der flache MINKOWSKI-Raum als „Start-Lösung" verwendet, d.h.

$$\Phi_0 = \begin{pmatrix} 1 & 1 \\ 1 & -1 \end{pmatrix} \quad \text{bzw.} \quad f_0 = 1, \tag{2.39}$$

damit die Struktur der Lösung (2.38) möglichst einfach wird. Insbesondere sind hierfür wegen (2.33) alle $\alpha_j = (a_j - 1)/(a_j + 1)$ Konstanten, die nicht mehr von λ_j abhängen und nach (2.35) ist $\alpha_0 = -1$. Somit hat ein neues ERNST-Potential, welches durch eine $2n$-fache BÄCKLUND-Transformation aus $f_0 = 1$ hervorgeht, folgende Form:

$$f = \frac{\mathfrak{B}_1^-}{\mathfrak{B}_1^+} \tag{2.40}$$

mit

$$\mathfrak{B}_1^\pm := \mathfrak{A}_1(\alpha_0 = -1, \lambda = \mp 1) = \begin{vmatrix} 1 & \pm 1 & 1 & \pm 1 & \cdots & 1 \\ 1 & \alpha_1 \lambda_1 & \lambda_1^2 & \alpha_1 \lambda_1^3 & \cdots & \lambda_1^{2n} \\ \vdots & \vdots & \vdots & \vdots & \ddots & \vdots \\ 1 & \alpha_{2n} \lambda_{2n} & \lambda_{2n}^2 & \alpha_{2n} \lambda_{2n}^3 & \cdots & \lambda_{2n}^{2n} \end{vmatrix}$$

und hängt neben den komplexen Konstanten α_j und K_j, welche als BÄCKLUND-Parameter bezeichnet werden sollen, noch von den Koordinaten z und $\bar{z}$ bzw. ϱ und ζ ab.

Die neue Lösung ist dabei nicht unbedingt frei von kritischen Punkten[6], auch wenn die Ausgangslösung die singularitätenfreie MINKOWSKI-Metrik ist. Da (2.40) ein Determinantenquotient ist, sind Nullstellen der Nennerdeterminante (bei denen die Zählerdeterminante nicht verschwindet) typische Singularitäten. Sie werden in Kapitel 3.4 ausführlich untersucht.

Weitere kritische Punkte ergeben sich an den Windungspunkten der komplexen Wurzelfunktionen λ_j. Für deren Nullstellen $z_{0,j}$ ergibt sich

$$K_j - i\bar{z}_{0,j} = 0 \quad \Rightarrow \quad z_{0,j} = i\bar{K}_j = \operatorname{Im} K_j + i\operatorname{Re} K_j = \varrho_{0,j} + i\zeta_{0,j} \tag{2.41}$$

---
[6] Diese sind neben echten Singularitäten auch die Windungspunkte der komplexen Wurzelfunktionen λ_j (vgl. später).

und für die Polstellen $z_{\infty,j}$ folgt:

$$K_j + \mathrm{i}z_{\infty,j} = 0 \quad \Rightarrow \quad z_{\infty,j} = \mathrm{i}K_j = -\operatorname{Im} K_j + \mathrm{i}\operatorname{Re} K_j = \varrho_{\infty,j} + \mathrm{i}\zeta_{\infty,j}. \tag{2.42}$$

Im Fall $\operatorname{Im} K_j = 0$ fallen Null- und Polstelle zusammen. Sonst liegt nur eine der beiden Stellen im physikalisch sinnvollen Bereich $\varrho \geq 0$. Diese kritische Stelle z_j ist also

$$z_j = |\operatorname{Im} K_j| + \mathrm{i}\operatorname{Re} K_j. \tag{2.43}$$

Um die Brüche im Radikanten der komplexen Wurzelfunktionen λ_j zu umgehen, werden gerne die „Abstände"

$$r_j = \lambda_j(K_j + \mathrm{i}z) = \sqrt{(K_j - \mathrm{i}\bar{z})(K_j + \mathrm{i}z)} \tag{2.44}$$

eingeführt, in denen die Lösung (2.40) etwas anders aussieht. Um zu dem neuen Ausdruck (2.46) zu gelangen, sind in Zähler und Nenner einige Umformungen notwendig, welche kurz angedeutet werden sollen.[7] Am Hilfreichsten für die Umformulierung ist:

$$\lambda_j^2 - 1 = \frac{K_j - \mathrm{i}\bar{z}}{K_j + \mathrm{i}z} - 1 = \frac{-\mathrm{i}(z + \bar{z})}{K_j + \mathrm{i}z}, \tag{2.45}$$

weil man so in jeder j-ten Zeile den notwendigen Faktor $K_j + \mathrm{i}z$ erhält, welcher mit λ_j multipliziert r_j ergibt. Die wichtigsten Schritte um von (2.40) zur Darstellung (2.46) zu gelangen, sind folgende:

- Von der *ungeraden* u-ten Spalte ($u = 3, 5, \ldots, 2n+1$) wird jeweils eine geeignete Linearkombination der *ungeraden* v-ten Spalten ($v = 1, 3, \ldots, u-2$) abgezogen, um in der ursprünglichen u-ten Spalte ein $(\lambda_j^2 - 1)^{(u-1)/2}$ zu erzeugen ($j = 2, 3 \ldots, 2n+1$ ist hier der Zeilenindex). Die genauen Vorfaktoren der Linearkombination entnimmt man aus dem binomischen Lehrsatz und fängt der Einfachheit halber bei $u = 2n+1$ an. Hat man sich bspw. schrittweise zu $u = 5$ vorgearbeitet, muss man von dieser fünften Spalte das doppelte der dritten abziehen und die erste Spalte dazu addieren um den gewünschten Eintrag zu erhalten.

- Analog zieht man von der *geraden* g-ten Spalte ($g = 4, 6, \ldots, 2n$) eine geeignete Linearkombination der *geraden* h-ten Spalten ($h = 2, 4, \ldots, g-2$) ab, um in der ursprünglichen Spalte ein $\alpha_j \lambda_j (\lambda_j^2 - 1)^{(g-2)/2}$ zu erzeugen. Als Zwischenergebnis erhält man (das Vorzeichen $\mp$ bezieht sich hierbei auf Zähler- bzw.

---

[7] Mittels vollständiger Induktion kann man die Äquivalenz der Ausdrücke auch streng beweisen.

Nennerdeterminante - die anderen Einträge sind identisch):

$$\begin{vmatrix} 1 & \mp 1 & 0 & 0 & \cdots & 0 & 0 \\ 1 & \alpha_1\lambda_1 & \lambda_1^2-1 & \alpha_1\lambda_1(\lambda_1^2-1) & \cdots & \alpha_1\lambda_1(\lambda_1^2-1)^{n-1} & (\lambda_1^2-1)^n \\ \vdots & \vdots & \vdots & \vdots & \ddots & \vdots & \vdots \\ 1 & \alpha_{2n}\lambda_{2n} & \lambda_{2n}^2-1 & \alpha_{2n}\lambda_{2n}(\lambda_{2n}^2-1) & \cdots & \alpha_{2n}\lambda_{2n}(\lambda_{2n}^2-1)^{n-1} & (\lambda_{2n}^2-1)^n \end{vmatrix}.$$

- An dieser Stelle benutzt man die Hilfsformel (2.45) und multipliziert die j-te Zeile mit $(K_j + \mathrm{i}z)^n$ durch und zieht aus jeweils allen u-ten Spalten ein gemeinsames $[-\mathrm{i}(z+\bar{z})]^{(u-1)/2}$, sowie aus allen g-ten Spalten ein gemeinsames $[-\mathrm{i}(z+\bar{z})]^{(g-2)/2}$ heraus.[8]

- Als nächstes werden die r_j gemäß Formel (2.44) eingeführt:

$$\begin{vmatrix} 1 & \mp 1 & \cdots & 0 & 0 & 0 \\ (K_1+\mathrm{i}z)^n & \alpha_1 r_1(K_1+\mathrm{i}z)^{n-1} & \cdots & K_1+\mathrm{i}z & \alpha_1 r_1 & 1 \\ \vdots & \vdots & \ddots & \vdots & \vdots & \vdots \\ (K_{2n}+\mathrm{i}z)^n & \alpha_{2n} r_{2n}(K_{2n}+\mathrm{i}z)^{n-1} & \cdots & K_{2n}+\mathrm{i}z & \alpha_{2n} r_{2n} & 1 \end{vmatrix}.$$

- Anschließend werden in den *geraden* bzw. *ungeraden* Spalten geeignete Linearkombinationen gebildet. Hat man sich hier bspw. in den ungeraden Spalten von $u=1$ bis $u=2n-1$ vorgearbeitet, wird nun von der $(2n-1)$-ten Spalte nur noch das $\mathrm{i}z$-fache der $(2n+1)$-ten Spalte abgezogen. Auf diese Weise kann man das explizit auftretende $\mathrm{i}z$ komplett aus den Determinanten eliminieren und aus (2.40) wird:

$$f = \frac{\mathfrak{B}_2^-}{\mathfrak{B}_2^+} \quad \text{mit} \quad \mathfrak{B}_2^\pm = \begin{vmatrix} 1 & \pm 1 & 0 & 0 & \cdots & 0 \\ K_1^n & \alpha_1 r_1 K_1^{n-1} & K_1^{n-1} & \alpha_1 r_1 K_1^{n-2} & \cdots & 1 \\ \vdots & \vdots & \vdots & \vdots & \ddots & \vdots \\ K_{2n}^n & \alpha_{2n} r_{2n} K_{2n}^{n-1} & K_{2n}^{n-1} & \alpha_{2n} r_{2n} K_{2n}^{n-2} & \cdots & 1 \end{vmatrix}. \quad (2.46)$$

2.2.3 Eigenschaften der BÄCKLUND-Parameter

Prinzipiell hängt die neue, durch eine $2n$-fache BÄCKLUND-Transformation gewonnene Lösung (2.46) der ERNST-Gleichung (2.17) von den $4n$ komplexen BÄCKLUND-Parametern α_j und K_j ab. Folgende Untersuchung zeigt, dass diese Konstanten nicht frei wählbar sind.

---

[8]Dies ändert den Determinantenquotienten nicht, da in Zähler und Nenner die selben Operationen durchgeführt werden.

Ausgehend von $\boldsymbol{\Phi}$ in der Standardform (2.23b) überzeugt man sich leicht von der Gültigkeit folgender Relationen:

$$\boldsymbol{\Phi}(-\lambda) = \begin{pmatrix} 1 & 0 \\ 0 & -1 \end{pmatrix} \boldsymbol{\Phi}(\lambda) \begin{pmatrix} 0 & 1 \\ 1 & 0 \end{pmatrix} \quad \Rightarrow \quad \det \boldsymbol{\Phi}(-\lambda) = \det \boldsymbol{\Phi}(\lambda). \tag{2.47}$$

Geht man nun in Gleichung (2.28) von λ nach $-\lambda$ über:[9]

$$\det \boldsymbol{\Phi}(-\lambda) = \mu^2(z, K) \det \tilde{\mathbf{P}}(-\lambda) \det \boldsymbol{\Phi}_0(-\lambda)$$

folgt unter Verwendung von (2.47):

$$\det \tilde{\mathbf{P}}(-\lambda) = \det \tilde{\mathbf{P}}(\lambda), \tag{2.48}$$

d.h. mit λ_j ist auch $-\lambda_j$ eine Nullstelle von $\det \tilde{\mathbf{P}}$. Analog dazu zeigt man, dass wegen

$$\overline{\boldsymbol{\Phi}\left(\frac{1}{\bar{\lambda}}\right)} = \begin{pmatrix} 0 & 1 \\ 1 & 0 \end{pmatrix} \boldsymbol{\Phi}(\lambda) \begin{pmatrix} 1 & 0 \\ 0 & -1 \end{pmatrix} \tag{2.49}$$

mit λ_j auch $\bar{\lambda}_j^{-1} \equiv \lambda_k$ eine Nullstelle von $\det \tilde{\mathbf{P}}$ ist. Hieraus folgt nun eine Bedingung an die Konstanten:

$$\bar{K}_k = -\mathrm{i}\overline{\frac{\lambda_k^2 z + \bar{z}}{\lambda_k^2 - 1}} = \mathrm{i}\frac{\bar{\lambda}_k^2 \bar{z} + z}{\bar{\lambda}_k^2 - 1} = \mathrm{i}\frac{\lambda_j^{-2} \bar{z} + z}{\lambda_j^{-2} - 1} = \mathrm{i}\frac{\bar{z}\lambda_j^2}{1 - \lambda_j^2} = K_j, \tag{2.50}$$

d.h. entweder gibt es zu einem K_j ein komplex konjugiertes $K_k = \bar{K}_j$ oder K_j ist reell (der Fall $j = k$ ist ebenfalls möglich). Analog kann man $a_j = -\bar{a}_k$ und damit

$$\alpha_j \bar{\alpha}_k = 1 \tag{2.51}$$

zeigen.

Insgesamt gibt es mit (2.50) und (2.51) also $2n$ komplexe Gleichungen, die die Anzahl der frei wählbaren komplexen BÄCKLUND-Parameter auf $2n$ einschränkt.

Zusätzliche Bedingungen an die BÄCKLUND-Parameter gewinnt man aus der physikalisch plausiblen Annahme der Äquatorsymmetrie. Diese Annahme ist für Gleichgewichtsfiguren rotierender Flüssigkeiten in der NEWTON'schen Theorie bereits streng bewiesen (s. [Lic33]) und es wird vermutet, dass dieser Sachverhalt auch in der Allgemeinen Relativitätstheorie gültig ist (vgl. [Lin92]).

Reflexionssymmetrie heißt für die Metrik in der Form (2.2):

$$g_{ik}(\varrho, \zeta) = g_{ik}(\varrho, -\zeta),$$

---
[9]Beim Übergang $\lambda \to -\lambda$ gilt $K \to K$ (vgl. (2.19)).

sie gilt also insbesondere für die metrischen Funktionen e^{2U} und a. Betrachtet man den Zusammenhang (2.15) zwischen b und a, so folgt $b(\varrho,\zeta) = -b(\varrho,-\zeta)$, d.h. für das ERNST-Potential f bedeutet Äquatorsymmetrie:

$$f(\varrho,\zeta) = \overline{f(\varrho,-\zeta)}. \tag{2.52}$$

Diese Symmetrie muss sich auch an den kritischen Stellen (2.43) bemerkbar machen. Um zu einem z_k ein symmetrisches $z_j = \varrho_j + i\zeta_j \stackrel{!}{=} \varrho_k - i\zeta_k = \operatorname{Im} K_k - i\operatorname{Re} K_k = \operatorname{Im} K_j + i\operatorname{Re} K_j$ zu erhalten, muss die Bedingung

$$K_k = -\bar{K}_j \tag{2.53}$$

gelten. D.h. es muss zu einem K_j ein $K_k = -\bar{K}_j$ geben, oder K_j ist imaginär (der Fall $j = k$ kann auch enthalten sein). Die Bedingung (2.53) überträgt sich auch auf die λ_j und schließlich auf die α_j:

$$\lambda_k = -\overline{\lambda_j(-\zeta)} \quad \text{bzw.} \quad \alpha_k = -\bar{\alpha}_j. \tag{2.54}$$

Mit (2.53) und (2.54) kann man sich nun überzeugen, dass f bspw. in der Form (2.46) die Bedingung (2.52) erfüllt.

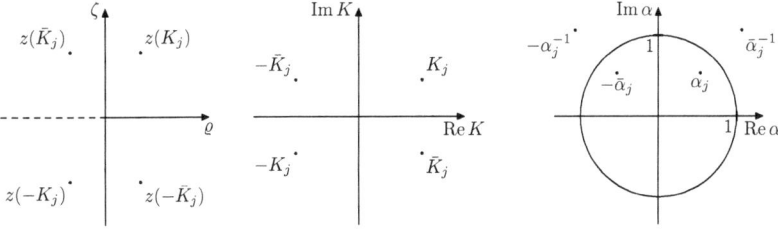

(a) Kritische Punkte in der (ϱ,ζ)-Ebene

(b) Lage der zugehörigen K_j

(c) Lage der zugehörigen α_j

Abbildung 2.1: Graphische Veranschaulichung der Eigenschaften der BÄCKLUND-Parameter.

Die Eigenschaften (3.2), (2.51), (2.53) und (2.54) zusammen bedeuten nun, dass die BÄCKLUND-Parameter in komplexen Vierergruppen auftreten (vgl. Abbildung 2.1). Diese können auch entartet sein, wenn eine der Eigenschaften identisch erfüllt ist, d.h. bspw. kann ein K_j reell bzw. imaginär sein. Auch rein imaginäre α_j oder α_j auf dem Einheitskreis in der komplexen Zahlenebene führen zu Entartung.

2.3 Der explizite Aufbau der Metrik aus den BÄCKLUND-Parametern

In diesem Abschnitt soll erläutert werden, wie die metrischen Funktionen e^{2U}, a und e^{2k} im Linienelement (2.4) mit Hilfe der BÄCKLUND-Parameter explizit gebildet werden können.

Ausgehend von der Bestimmungsgleichung für das ERNST-Potential (2.46) ergibt sich die metrische Funktion e^{2U} einfach durch die Bildung des Realteils. Um zu expliziten Ausdrücken für die anderen beiden metrischen Funktionen zu gelangen, sind einige Rechnungen anzustellen, welche im Folgenden kurz skizziert werden sollen.

2.3.1 Die metrische Funktion a

Eine Möglichkeit zur Bestimmung von a liegt darin, den Imaginärteil b des ERNST-Potentials (2.46) sowie den Zusammenhang (2.15) bei gegebenem e^{2U} auszuwerten. Allerdings gibt es einen eleganteren Weg, welcher hier kurz aufgezeigt wird.

Man betrachte zunächst die Entwicklung von ψ und χ nach λ um die Stelle $\lambda = -1$:

$$\psi(z, \bar{z}, \lambda) = 1 + \psi_1(z, \bar{z})(\lambda + 1) + \psi_2(z, \bar{z})\frac{(\lambda+1)^2}{2} + \mathcal{O}\left[(\lambda+1)^3\right],$$

$$\chi(z, \bar{z}, \lambda) = 1 + \chi_1(z, \bar{z})(\lambda + 1) + \chi_2(z, \bar{z})\frac{(\lambda+1)^2}{2} + \mathcal{O}\left[(\lambda+1)^3\right].$$

Da anschließend noch nach z und $\bar{z}$ differenziert werden soll, ist es hilfreich sich zunächst die Entwicklung von λ, $1/\lambda$ und deren Ableitungen aufzuschreiben:

$$\lambda = -1 + (\lambda+1), \quad \frac{1}{\lambda} = -1 - (\lambda+1) + \mathcal{O}\left[(\lambda+1)^2\right],$$

$$\lambda_{,z} = \frac{\lambda(\lambda^2-1)}{2(z+\bar{z})} = \frac{\lambda+1}{z+\bar{z}} + \mathcal{O}\left[(\lambda+1)^2\right], \quad \lambda_{,\bar{z}} = \frac{\lambda^2-1}{2(z+\bar{z})\lambda} = \frac{\lambda+1}{z+\bar{z}} + \mathcal{O}\left[(\lambda+1)^2\right].$$

Somit erhält man für $\psi_{,z}$ also:

$$\psi(z,\bar{z},\lambda)_{,z} = \left(\psi_{1,z} + \frac{\psi_1}{z+\bar{z}}\right)(\lambda+1) + \mathcal{O}\left[(\lambda+1)^2\right]$$

und analog dazu

$$\psi(z,\bar{z},\lambda)_{,\bar{z}} = \left(\psi_{1,\bar{z}} + \frac{\psi_1}{z+\bar{z}}\right)(\lambda+1) + \mathcal{O}\left[(\lambda+1)^2\right]$$

sowie

$$\chi_{,z} = \left(\chi_{1,z} + \frac{\chi_1}{z+\bar{z}}\right)(\lambda+1) + \mathcal{O}\left[(\lambda+1)^2\right]$$

bzw. $\chi_{,\bar{z}} = \left(\chi_{1,\bar{z}} + \dfrac{\chi_1}{z+\bar{z}}\right)(\lambda+1) + \mathcal{O}\left[(\lambda+1)^2\right].$

Betrachtet man andererseits das Lineare System (2.18) für die erste Spalte:

$$\begin{pmatrix} \psi \\ \chi \end{pmatrix}_{,z} = \begin{pmatrix} B & \lambda B \\ \lambda A & A \end{pmatrix}\begin{pmatrix} \psi \\ \chi \end{pmatrix} \quad \text{und} \quad \begin{pmatrix} \psi \\ \chi \end{pmatrix}_{,\bar{z}} = \begin{pmatrix} \bar{A} & \frac{1}{\lambda}\bar{A} \\ \frac{1}{\lambda}\bar{B} & \bar{B} \end{pmatrix}\begin{pmatrix} \psi \\ \chi \end{pmatrix},$$

so erkennt man neben den o.g. weitere Gleichungen für die Ableitungen von ψ und χ:

$$\psi(z,\bar{z},\lambda)_{,z} = B\left[\psi(z,\bar{z},\lambda) + \lambda\chi(z,\bar{z},\lambda)\right] = B(\psi_1 - \chi_1 + 1)(\lambda+1) + \mathcal{O}\left[(\lambda+1)^2\right],$$
$$\psi(z,\bar{z},\lambda)_{,\bar{z}} = \bar{A}\left[\psi(z,\bar{z},\lambda) + \tfrac{1}{\lambda}\chi(z,\bar{z},\lambda)\right] = \bar{A}(\psi_1 - \chi_1 - 1)(\lambda+1) + \mathcal{O}\left[(\lambda+1)^2\right],$$
$$\chi(z,\bar{z},\lambda)_{,z} = A\left[\lambda\psi(z,\bar{z},\lambda) + \chi(z,\bar{z},\lambda)\right] = A(\chi_1 - \psi_1 + 1)(\lambda+1) + \mathcal{O}\left[(\lambda+1)^2\right],$$
$$\chi(z,\bar{z},\lambda)_{,\bar{z}} = \bar{B}\left[\tfrac{1}{\lambda}\psi(z,\bar{z},\lambda) + \chi(z,\bar{z},\lambda)\right] = \bar{B}(\chi_1 - \psi_1 - 1)(\lambda+1) + \mathcal{O}\left[(\lambda+1)^2\right].$$

Vergleichen der unterschiedlichen Ausdrücke und Kombination der Gleichungen liefert für die neu eingeführte Größe $\gamma := \chi_1 - \psi_1$:

$$\gamma_{,z} + \dfrac{\gamma}{z+\bar{z}} = \gamma(A+B) + A - B \quad \text{bzw.} \quad \gamma_{,z} + \dfrac{\gamma}{2\varrho} = \gamma\dfrac{\left(\mathrm{e}^{2U}\right)_{,z}}{\mathrm{e}^{2U}} + \dfrac{\mathrm{i}b_{,z}}{\mathrm{e}^{2U}},$$

wenn man das Lineare System für die ERNST-Gleichung betrachtet, also insbesondere für A und B die Gleichungen (2.21) einsetzt. Multipliziert man nun mit $\varrho\mathrm{e}^{2U}$ durch und ersetzt $\tfrac{1}{2} = \varrho_{,z}$, gelangt man unter Verwendung der komplexen Zusammenfassung von (2.15):

$$\mathrm{i}b_{,z} = \dfrac{\mathrm{e}^{4U}a_{,z}}{\varrho}$$

zu:

$$(\gamma_{,z}\varrho)\mathrm{e}^{2U} + (\gamma\varrho_{,z})\mathrm{e}^{2U} = \gamma\varrho\left(\mathrm{e}^{2U}\right)_{,z} + a_{,z}\mathrm{e}^{4U}.$$

Dies kann man nach $a_{,z}$ umstellen und vereinfachen:

$$a_{,z} = \dfrac{(\gamma\varrho)_{,z}\mathrm{e}^{2U} - \gamma\varrho\left(\mathrm{e}^{2U}\right)_{,z}}{\mathrm{e}^{4U}} = \left(\varrho\mathrm{e}^{-2U}\gamma\right)_{,z}.$$

Vollkommen analog ergibt sich die Gleichung $a_{,\bar{z}} = \left(\varrho\mathrm{e}^{-2U}\gamma\right)_{,\bar{z}}$, wodurch man a nun bis auf eine additive Konstante bestimmt hat:

$$a = \varrho\mathrm{e}^{-2U}\left(\chi_1 - \psi_1\right) + a_0 \quad \text{mit} \quad a_0 = \text{const.} \tag{2.55}$$

Differenziert man den allgemeinen Zusammenhang

$$\psi(\lambda) = \overline{\chi\left(\bar{\lambda}^{-1}\right)}$$

nach λ, so ergibt sich an der Stelle $\lambda = -1$ folgende Relation für die ersten Koeffizienten der TAYLOR-Entwicklung ψ_1 und χ_1:

$$\psi_1 = -\bar{\chi}_1.$$

Damit schreibt sich a nun als

$$a = \varrho e^{-2U}\left[\frac{\partial \chi}{\partial \lambda} + \overline{\frac{\partial \chi}{\partial \lambda}}\right]_{\lambda=-1} + a_0 = 2\varrho e^{-2U}\operatorname{Re}\left[\left.\frac{\partial \chi}{\partial \lambda}\right|_{\lambda=-1}\right] + a_0.$$

Hier erkennt man explizit, dass a reell ist und die Konstante a_0 bspw. aus dem Wert von a auf der Achse $\varrho = 0$ bestimmt werden kann (a verschwindet dort).

Um den Realteil auszuwerten, empfiehlt es sich, $\chi(\lambda)$ in der ursprünglichen Version (2.38), d.h. mit Determinanten, in denen die λ noch explizit vorkommen, zu untersuchen. Für die Ableitung $\partial \chi(\lambda)/\partial \lambda$ gilt es also die Produktregel zu beachten. Die Ableitung der Determinante ändert nur die erste Zeile, weil der Rest nicht von λ abhängt. Weiterhin ist sowohl der erste Faktor als auch der Quotient aus den Determinanten für $\lambda = -1$ jeweils gleich Eins. Somit wird

$$\chi_1 = \left.\frac{\partial \chi}{\partial \lambda}\right|_{\lambda=-1} = n\left(\frac{2\varrho}{\lambda^2 z + \bar{z}}\right)^{n-1}\frac{-4\varrho\lambda z}{(\lambda^2 z + \bar{z})^2} \cdot 1 + 1 \cdot \left.\frac{\frac{\partial}{\partial \lambda}\mathfrak{A}_1(\alpha_0 = -1, \lambda)}{\mathfrak{A}_1(\alpha_0 = -1, \lambda = -1)}\right|_{\lambda=-1}$$

$$\Rightarrow \operatorname{Re}\left[\left.\frac{\partial \chi}{\partial \lambda}\right|_{\lambda=-1}\right] = \operatorname{Re}\left[n\left(1 + \mathrm{i}\frac{\zeta}{\varrho}\right)\right] + \operatorname{Re}\left(\frac{\mathfrak{D}_1}{\mathfrak{B}_1^+}\right)$$

mit der Abkürzung

$$\mathfrak{D}_1 = \left.\frac{\partial \mathfrak{A}_1(\alpha_0 = -1, \lambda)}{\partial \lambda}\right|_{\lambda=-1} = \begin{vmatrix} 0 & -1 & -2 & -3 & \ldots & -2n \\ 1 & \alpha_1\lambda_1 & \lambda_1^2 & \alpha_1\lambda_1^3 & \ldots & \lambda_1^{2n} \\ 1 & \alpha_2\lambda_2 & \lambda_2^2 & \alpha_2\lambda_2^3 & \ldots & \lambda_2^{2n} \\ \vdots & \vdots & \vdots & \vdots & \ddots & \vdots \\ 1 & \alpha_{2n}\lambda_{2n} & \lambda_{2n}^2 & \alpha_{2n}\lambda_{2n}^3 & \ldots & \lambda_{2n}^{2n} \end{vmatrix}.$$

Nun empfiehlt es sich, die Determinanten wieder auf die λ_j-freie Form zu bringen. Hier werden die einzelnen Schritte nur anhand der Zählerdeterminante demonstriert, da die Nennerdeterminante mit der von e^{2U} identisch ist, also das Ergebnis übernommen werden kann.

In einem ersten Schritt werden wieder in den ungeraden bzw. geraden Spalten Linearkombinationen gebildet, um den bekannten Faktor $(\lambda_j^2 - 1)^k$ zu generieren. Dieses Vorgehen ist nicht neu und daher interessiert eigentlich nur, was in der ersten Zeile passiert. Die ersten drei Einträge bleiben unverändert, der vierte Eintrag wird

-2 und alle höheren Einträge verschwinden. In einem ersten Zwischenschritt nimmt die Zählerdeterminante also die folgende Form an:

$$\begin{vmatrix} 0 & -1 & -2 & -2 & 0 & \cdots & 0 \\ 1 & \alpha_1 \lambda_1 & \lambda_1^2 - 1 & \alpha_1 \lambda_1 (\lambda_1^2 - 1) & (\lambda_1^2 - 1)^2 & \cdots & (\lambda_1^2 - 1)^n \\ \vdots & \vdots & \vdots & \vdots & \vdots & \ddots & \vdots \\ 1 & \alpha_{2n} \lambda_{2n} & \lambda_{2n}^2 - 1 & \alpha_{2n} \lambda_{2n} (\lambda_{2n}^2 - 1) & (\lambda_{2n}^2 - 1)^2 & \cdots & (\lambda_{2n}^2 - 1)^n \end{vmatrix}.$$

Nun wird wieder $(\lambda_j^2 - 1)^k$ durch $[-\mathrm{i}(z+\bar{z})/(K_j + \mathrm{i}z)]^k$ ersetzt und anschließend aus jeder Spalte $(-\mathrm{i}(z+\bar{z}))^k$ geeignet oft ausgeklammert. Hierbei entsteht im dritten und vierten Eintrag der ersten Zeile jeweils $1/(\mathrm{i}\varrho)$. Jetzt wird - bis auf die erste - jede Zeile mit $(K_j + \mathrm{i}z)^n$ durchmultipliziert, so dass in der letzten Spalte je eine Eins stehen bleibt. Da diese Schritte wieder in Zähler- und Nennerdeterminante gleichermaßen durchgeführt werden, kürzen sich die Vorfaktoren weg und im Zähler steht nun:

$$\begin{vmatrix} 0 & -1 & 1/(\mathrm{i}\varrho) & 1/(\mathrm{i}\varrho) & \cdots & 0 \\ (K_1 + \mathrm{i}z)^n & \alpha_1 r_1 (K_1 + \mathrm{i}z)^{n-1} & (K_1 + \mathrm{i}z)^{n-1} & \alpha_1 r_1 (K_1 + \mathrm{i}z)^{n-2} & \cdots & 1 \\ \vdots & \vdots & \vdots & \vdots & \ddots & \vdots \\ (K_{2n} + \mathrm{i}z)^n & \alpha_{2n} r_{2n} (K_{2n} + \mathrm{i}z)^{n-1} & (K_{2n} + \mathrm{i}z)^{n-1} & \alpha_{2n} r_{2n} (K_{2n} + \mathrm{i}z)^{n-2} & \cdots & 1 \end{vmatrix}.$$

Anschließend werden wieder geeignete Linearkombinationen von Spalten gebildet, um in den ungeraden Spalten ein K_j^u bzw. in den geraden Spalten ein $\alpha_j r_j K_j^g$ zu erzeugen. Auch hier ist dabei nur interessant, was in der ersten Zeile übrig bleibt. Der binomische Lehrsatz

$$(K_j + \mathrm{i}z)^n = \sum_{k=0}^n \binom{n}{k} K_j^{n-k} (\mathrm{i}z)^k = K_j^n + n K_j^{n-1} (\mathrm{i}z) + \ldots$$

zeigt, dass von der ersten Spalte das $n\mathrm{i}z$-fache der dritten abgezogen werden muss, um auch dort das gewünschte K_j^n zu erhalten. Daraus ergibt sich der erste Eintrag der ersten Zeile zu $-nz/\varrho$. Ebenso einfach kann man sich klarmachen, wie der zweite Eintrag aussehen muss, so dass die Zählerdeterminante folgendermaßen aussieht:

$$\begin{vmatrix} -\frac{nz}{\varrho} & -1 - (n-1)\frac{z}{\varrho} & 1/(\mathrm{i}\varrho) & 1/(\mathrm{i}\varrho) & \cdots & 0 & 0 \\ K_1^n & \alpha_1 r_1 K_1^{n-1} & K_1^{n-1} & \alpha_1 r_1 K_1^{n-2} & \cdots & \alpha_1 r_1 & 1 \\ \vdots & \vdots & \vdots & \vdots & \ddots & \vdots & \vdots \\ K_{2n}^n & \alpha_{2n} r_{2n} K_{2n}^{n-1} & K_{2n}^{n-1} & \alpha_{2n} r_{2n} K_{2n}^{n-2} & \cdots & \alpha_{2n} r_{2n} & 1 \end{vmatrix}.$$

Somit berechnet sich die metrische Funktion a gemäß

$$(a - a_0) \mathrm{e}^{2U} = 2n\varrho + 2\mathrm{Re}\left(\frac{\mathfrak{D}_2}{\mathfrak{B}_2^+}\right) \tag{2.56}$$

mit der Abkürzung

$$\mathfrak{D}_2 = \begin{vmatrix} -n(\varrho + \mathrm{i}\zeta) & -\varrho - (n-1)(\varrho + \mathrm{i}\zeta) & -\mathrm{i} & -\mathrm{i} & \ldots & 0 \\ K_1^n & \alpha_1 r_1 K_1^{n-1} & K_1^{n-1} & \alpha_1 r_1 K_1^{n-2} & \ldots & 1 \\ K_2^n & \alpha_2 r_2 K_2^{n-1} & K_2^{n-1} & \alpha_2 r_2 K_2^{n-2} & \ldots & 1 \\ \vdots & \vdots & \vdots & \vdots & \ddots & \vdots \\ K_{2n}^n & \alpha_{2n} r_{2n} K_{2n}^{n-1} & K_{2n}^{n-1} & \alpha_{2n} r_{2n} K_{2n}^{n-2} & \ldots & 1 \end{vmatrix}.$$

2.3.2 Die metrische Funktion e^{2k}

Um einen Ausdruck für e^{2k} zu erhalten, der keine Integration mehr erfordert, schreibt man das Lineare System (2.18) bzw.

$$\boldsymbol{\Phi}_{,z}(\lambda) = (\mathbf{M}_1 + \lambda \mathbf{N}_1) \boldsymbol{\Phi}(\lambda), \quad \boldsymbol{\Phi}_{,\bar{z}}(\lambda) = \left(\mathbf{M}_2 + \frac{1}{\lambda}\mathbf{N}_2\right) \boldsymbol{\Phi}(\lambda) \tag{2.57}$$

um, indem man ein $\boldsymbol{\Psi}(\lambda) := \boldsymbol{\Phi}(-1)^{-1}\boldsymbol{\Phi}(\lambda)$ einführt. Das Lineare System transformiert sich hierbei wie folgt:

$$\begin{aligned}
\boldsymbol{\Psi}_{,z} &= \underbrace{-\boldsymbol{\Phi}(-1)^{-1}\boldsymbol{\Phi}(-1)_{,z}\boldsymbol{\Phi}(-1)^{-1}}_{(\boldsymbol{\Phi}(-1)^{-1})_{,z}}\boldsymbol{\Phi}(\lambda) + \boldsymbol{\Phi}(-1)^{-1}\boldsymbol{\Phi}(\lambda)_{,z} \\
&= -\boldsymbol{\Phi}(-1)^{-1}(\mathbf{M}_1 - \mathbf{N}_1)\boldsymbol{\Phi}(-1)\boldsymbol{\Phi}(-1)^{-1}\boldsymbol{\Phi}(\lambda) + \boldsymbol{\Phi}(-1)^{-1}(\mathbf{M}_1 + \lambda\mathbf{N}_1)\boldsymbol{\Phi}(\lambda) \\
&= \frac{\lambda + 1}{2} \cdot 2\boldsymbol{\Phi}(-1)^{-1}\mathbf{N}_1\boldsymbol{\Phi}(-1) \cdot \boldsymbol{\Phi}(\lambda) \\
&= \frac{\lambda + 1}{2}\mathbf{A}\boldsymbol{\Psi}(\lambda) \quad \text{bzw.} \quad \boldsymbol{\Psi}_{,\bar{z}} = \frac{1}{2}\left(1 + \frac{1}{\lambda}\right)\mathbf{B}\boldsymbol{\Psi}(\lambda).
\end{aligned} \tag{2.58}$$

Für dieses System kann man die Rechnungen aus [KNM91] nachvollziehen, wobei dafür in diesem Kapitel die Notation aus der angegebenen Arbeit verwendet wurde. An einigen Stellen werden hilfreiche Zwischenrechnungen eingefügt und der Bezug zu den bisherigen Formulierungen hergestellt.

Man beginnt damit, aus dem neuen Linearen System (2.58) zusammen mit (2.20) folgende Ausdrücke herzuleiten (vgl. [BZ78]):

$$\mathbf{A} = \frac{1}{2\varrho}\lim_{\lambda\to\infty}\lambda^2\boldsymbol{\Psi}'(\boldsymbol{\Psi})^{-1} \quad \text{bzw.} \quad \mathbf{B} = -\frac{1}{2\varrho}\lim_{\lambda\to 0}\boldsymbol{\Psi}'(\boldsymbol{\Psi})^{-1} \quad \text{mit} \quad \boldsymbol{\Psi}' := \frac{\partial\boldsymbol{\Psi}}{\partial\lambda}. \tag{2.59}$$

Ausgehend von einer Startlösung $\boldsymbol{\Psi}_0$ kann man in bekannter Weise durch den Polynomansatz

$$\boldsymbol{\Psi} = \mathbf{T}\boldsymbol{\Psi}_0 \quad \text{mit} \quad \mathbf{T} = q_{2n}\mathbf{P}_{2n}(\lambda) = \tilde{q}_{2n}\tilde{\mathbf{P}}_{2n}(\lambda) \tag{2.60}$$

eine neue Lösung generieren (vgl. Kapitel 2.2.2), wobei

$$q_{2n} = \prod_{j=1}^{2n} \sqrt{\frac{1-\lambda_j^2}{\lambda^2 - \lambda_j^2}} \quad \text{und} \quad \mathbf{P}_{2n}(\lambda) = \sum_{s=0}^{2n} \mathbf{a}_s \lambda^s$$

bzw. $\tilde{q}_{2n} = \lambda^{2n} q_{2n}$ und $\tilde{\mathbf{P}}_{2n}(\lambda) = \lambda^{-2n} \mathbf{P}_{2n}$

gilt, insbesondere kann man auch Startwerte für $\mathbf{A}$ bzw. $\mathbf{B}$ ableiten:

$$\mathbf{A}_0 = \frac{1}{2\varrho} \lim_{\lambda \to \infty} \lambda^2 \mathbf{\Psi}_0'(\mathbf{\Psi}_0)^{-1} \quad \text{bzw.} \quad \mathbf{B}_0 = -\frac{1}{2\varrho} \lim_{\lambda \to 0} \mathbf{\Psi}_0'(\mathbf{\Psi}_0)^{-1}.$$

Mit (2.60) berechnet sich der Ausdruck von $\mathbf{\Psi}'(\mathbf{\Psi})^{-1}$ zu

$$\mathbf{\Psi}'(\mathbf{\Psi})^{-1} = \frac{q_{2n}'}{q_{2n}} \mathbf{I} + \mathbf{P}_{2n}' \mathbf{P}_{2n}^{-1} + \mathbf{P}_{2n} \mathbf{\Psi}_0'(\mathbf{\Psi}_0)^{-1} \mathbf{P}_{2n}^{-1}$$

und mit den entsprechenden Grenzwerten der Summanden (vgl. [KNM91] Formel (20) und (21)) wird aus (2.59)

$$\mathbf{A} = \mathbf{a}_{2n} \mathbf{A}_0 \mathbf{a}_{2n}^{-1} - \frac{1}{2\varrho} \mathbf{a}_{2n-1} \mathbf{a}_{2n}^{-1} \quad \text{und} \quad \mathbf{B} = \mathbf{a}_0 \mathbf{B}_0 \mathbf{a}_0^{-1} - \frac{1}{2\varrho} \mathbf{a}_1 \mathbf{a}_0^{-1},$$

woraus die später hilfreichen Zusammenhänge

$$\varrho \operatorname{Tr}\left[\mathbf{A}^2\right] = \varrho \operatorname{Tr}\left[\mathbf{A}_0^2\right] + \frac{1}{4\varrho} \operatorname{Tr}\left[\left(\mathbf{a}_{2n-1} \mathbf{a}_{2n}^{-1}\right)^2\right] - \operatorname{Tr}\left[\mathbf{A}_0 \mathbf{a}_{2n}^{-1} \mathbf{a}_{2n-1}\right], \quad (2.61)$$

sowie analog dazu

$$\varrho \operatorname{Tr}\left[\mathbf{B}^2\right] = \varrho \operatorname{Tr}\left[\mathbf{B}_0^2\right] + \frac{1}{4\varrho} \operatorname{Tr}\left[\left(\mathbf{a}_1 \mathbf{a}_0^{-1}\right)^2\right] - \operatorname{Tr}\left[\mathbf{B}_0 \mathbf{a}_0^{-1} \mathbf{a}_1\right] \quad (2.62)$$

folgen.

Anschließend überzeugt man sich mit Hilfe von (2.58) und der komplexen Zusammenfassung von (2.13) bzw. (2.14) davon, dass die Ableitungen der metrischen Funktion e^{2k} folgendermaßen geschrieben werden kann:

$$\frac{\varrho}{4} \operatorname{Tr}\left[\mathbf{A}^2\right] = \varrho \operatorname{Tr}\left[\mathbf{N}_1^2\right] = k_{,z} \quad \text{bzw.} \quad \frac{\varrho}{4} \operatorname{Tr}\left[\mathbf{B}^2\right] = k_{,\bar{z}}. \quad (2.63)$$

An dieser Stelle erkennt man, dass zur Berechnung von e^{2k} die Gleichungen (2.61) und (2.62) integriert werden müssen. Hierfür ist ein eleganter Weg in [KNM91] aufgezeigt, welcher einige algebraische Umformungen enthält. Man startet mit einer zu (2.30) analogen Gleichung:

$$\mathbf{P}_{2n}(\lambda_i) \mathbf{\Psi}_0(\lambda_i) \mathbf{C}_i = 0 \quad (2.64)$$

für die Koeffizientendeterminanten $\mathbf{a}_k$ und schreibt diese in eine andere Form

$$\mathbf{a}_{2n}^{-1}\left(\mathbf{a}_0, \mathbf{a}_1, \ldots, \mathbf{a}_{2n-1}\right) \mathbb{D} = -\left(\mathbf{\Psi}_1, \mathbf{\Psi}_2, \ldots, \mathbf{\Psi}_{2n}\right) \mathbb{A}^{2n} \qquad (2.65)$$

um. Dabei sind

$$\mathbb{A} := \begin{pmatrix} \mathbf{\Lambda}_1 & 0 & \ldots & 0 \\ 0 & \mathbf{\Lambda}_2 & \ldots & 0 \\ \vdots & \vdots & \ddots & \vdots \\ 0 & 0 & \ldots & \mathbf{\Lambda}_{2n} \end{pmatrix}, \qquad \mathbb{D} := \begin{pmatrix} \mathbf{\Psi}_1 & \ldots & \mathbf{\Psi}_{2n} \\ \mathbf{\Psi}_1 \mathbf{\Lambda}_1 & \ldots & \mathbf{\Psi}_{2n} \mathbf{\Lambda}_{2n} \\ \vdots & \ddots & \vdots \\ \mathbf{\Psi}_1 \mathbf{\Lambda}_1^{2n-1} & \ldots & \mathbf{\Psi}_{2n} \mathbf{\Lambda}_{2n}^{2n-1} \end{pmatrix},$$

$$\mathbf{\Lambda}_k := \begin{pmatrix} \lambda_{2k-1} & 0 \\ 0 & \lambda_{2k} \end{pmatrix} \quad \text{und} \quad \mathbf{\Psi}_k := [\mathbf{\Psi}_0(\lambda_{2k-1})\mathbf{C}_{2k-1}, \mathbf{\Psi}_0(\lambda_{2k})\mathbf{C}_{2k}].$$

Wegen (2.58) und (2.20) erfüllt die Blockmatrix $\mathbb{D}$ folgende Beziehungen:

$$\mathbb{D}_{,z} = \frac{1}{2}\mathbb{A}_0 \mathbb{D}(\mathbb{A} + \mathbb{I}) + \frac{1}{4\varrho}\mathbb{N}\mathbb{D}\left(\mathbb{A}^2 - \mathbb{I}\right) \quad \text{und} \qquad (2.66)$$

$$\mathbb{D}_{,\bar{z}} = \frac{1}{2}\mathbb{B}_0 \mathbb{D}\left(\mathbb{A}^{-1} + \mathbb{I}\right) - \frac{1}{4\varrho}\mathbb{N}\mathbb{D}\left(\mathbb{A}^{-2} - \mathbb{I}\right), \qquad (2.67)$$

wobei

$$\mathbb{A}_0 := \begin{pmatrix} \mathbf{A}_0 & 0 & \ldots & 0 \\ 0 & \mathbf{A}_0 & \ldots & 0 \\ \vdots & \vdots & \ddots & \vdots \\ 0 & 0 & \ldots & \mathbf{A}_0 \end{pmatrix}, \qquad \mathbb{B}_0 := \begin{pmatrix} \mathbf{B}_0 & 0 & \ldots & 0 \\ 0 & \mathbf{B}_0 & \ldots & 0 \\ \vdots & \vdots & \ddots & \vdots \\ 0 & 0 & \ldots & \mathbf{B}_0 \end{pmatrix},$$

$$\mathbb{I} := \begin{pmatrix} \mathbf{1} & 0 & \ldots & 0 \\ 0 & \mathbf{1} & \ldots & 0 \\ \vdots & \vdots & \ddots & \vdots \\ 0 & 0 & \ldots & \mathbf{1} \end{pmatrix} \quad \text{und} \quad \mathbb{N} := \begin{pmatrix} 0 & 0 & 0 & \ldots & 0 \\ 0 & \mathbf{1} & 0 & \ldots & 0 \\ 0 & 0 & 2\mathbf{1} & \ldots & 0 \\ \vdots & \vdots & \vdots & \ddots & \vdots \\ 0 & 0 & 0 & \ldots & (2n-1)\mathbf{1} \end{pmatrix}$$

diagonale Blockmatrizen sind ($\mathbf{1}$ ist die (2×2)-Einheitsmatrix). Gleichung (2.66) führt, nach Ausnutzung der bekannten Rechenregel $(\ln \det \mathbb{D})_{,z} = \mathrm{Tr}\left[\mathbb{D}_{,z}\mathbb{D}^{-1}\right]$, zu folgendem Zwischenergebnis:

$$(\ln \det \mathbb{D})_{,z} = \frac{1}{2}\mathrm{Tr}\left[\mathbb{A}_0 \mathbb{D}\mathbb{A}\mathbb{D}^{-1} + \mathbb{A}_0\right] + \frac{1}{4\varrho}\mathrm{Tr}\left[\mathbb{N}\mathbb{D}\mathbb{A}^2\mathbb{D}^{-1} - \mathbb{N}\right]. \qquad (2.68)$$

Da $\mathbf{N}_1$ und $\mathbf{N}_2$ nur Elemente auf der Nebendiagonalen besitzen, verschwindet ihre Spur. Ebenso ist $\mathrm{Tr}\,\mathbf{A} = \mathrm{Tr}\,\mathbf{B} = 0$ und damit auch $\mathrm{Tr}\,\mathbb{A}_0 = 2n\,\mathrm{Tr}\,\mathbf{A}_0 = 0 = \mathrm{Tr}\,\mathbb{B}_0$. Auch die Spur von $\mathbb{N}$ lässt sich leicht berechnen:

$$\mathrm{Tr}\,\mathbb{N} = \mathrm{Tr}\,\mathbf{1} \cdot \sum_{j=0}^{2n-1} j = 2 \cdot \frac{(2n-1)2n}{2} = 2n(2n-1).$$

In einer letzten Umformulierung wird aus (2.64) folgende Blockmatrix-Gleichung:

$$\begin{pmatrix} 0 & 1 & 0 & \cdots & 0 \\ 0 & 0 & 1 & \cdots & 0 \\ \vdots & \vdots & \vdots & \ddots & \vdots \\ 0 & 0 & 0 & \cdots & 1 \\ \mathbf{x}_1 & \mathbf{x}_2 & \mathbf{x}_3 & \cdots & \mathbf{x}_{2n} \end{pmatrix} \mathbb{D} = \begin{pmatrix} \mathbf{\Psi}_1 \mathbf{\Lambda}_1 & \cdots & \mathbf{\Psi}_{2n} \mathbf{\Lambda}_{2n} \\ \mathbf{\Psi}_1 \mathbf{\Lambda}_1^2 & \cdots & \mathbf{\Psi}_{2n} \mathbf{\Lambda}_{2n}^2 \\ \vdots & \ddots & \vdots \\ \mathbf{\Psi}_1 \mathbf{\Lambda}_1^{2n-1} & \cdots & \mathbf{\Psi}_{2n} \mathbf{\Lambda}_{2n}^{2n-1} \\ \mathbf{\Psi}_1 \mathbf{\Lambda}_1^{2n} & \cdots & \mathbf{\Psi}_{2n} \mathbf{\Lambda}_{2n}^{2n} \end{pmatrix} \quad (2.69)$$

mit

$$(\mathbf{x}_1, \mathbf{x}_2, \ldots, \mathbf{x}_{2n}) = -\mathbf{a}_{2n}^{-1}(\mathbf{a}_0, \mathbf{a}_1, \ldots, \mathbf{a}_{2n-1}).$$

Die rechte Seite in (2.69) ist das Produkt $\mathbb{D}\Lambda$ und die erste Matrix wird mit $\mathbb{R}$ bezeichnet, so dass man Gleichung (2.69) auch als $\mathbb{R} = \mathbb{D}\Lambda\mathbb{D}^{-1}$ lesen kann. Die einzigen Diagonalelemente von $\mathbb{R}^2$ sind $\mathbf{x}_{2n-1}$ und $\mathbf{x}_{2n}^2 + \mathbf{x}_{2n-1}$. Wegen des Zusammenhangs mit Λ gilt:

$$\operatorname{Tr} \mathbb{R}^2 = \operatorname{Tr} \Lambda^2 = \sum_{i=1}^{4n} \lambda_i^2 = \operatorname{Tr} \mathbf{x}_{2n}^2 + 2 \operatorname{Tr} \mathbf{x}_{2n-1} = \operatorname{Tr}\left(\mathbf{a}_{2n}^{-1}\mathbf{a}_{2n-1}\right)^2 - 2 \operatorname{Tr}\left[\mathbf{a}_{2n}^{-1}\mathbf{a}_{2n-2}\right].$$

Schließlich kann man alle Ausdrücke auf der rechten Seite von (2.68) durch einige Koeffizientenmatrizen $\mathbf{a}_j$ ausdrücken:

$$\operatorname{Tr}\left[\mathbb{A}_0 \mathbb{D}\Lambda\mathbb{D}^{-1}\right] = \operatorname{Tr}\left[\mathbb{A}_0 \mathbb{R}\right] = \operatorname{Tr}\left[\mathbb{A}_0 \mathbf{x}_{2n}\right] = -\operatorname{Tr}\left[\mathbb{A}_0 \mathbf{a}_{2n}^{-1}\mathbf{a}_{2n-1}\right],$$

$$\begin{aligned}\operatorname{Tr}\left[\mathbb{N}\Lambda^2\mathbb{D}^{-1}\right] &= \operatorname{Tr}\left[\mathbb{N}\mathbb{R}^2\right] = \operatorname{Tr}\left[(2n-2)\mathbf{x}_{2n-1} + (2n-1)\left(\mathbf{x}_{2n}^2 + \mathbf{x}_{2n-1}\right)\right] \\ &= -(4n-3)\operatorname{Tr}\left[\mathbf{a}_{2n}^{-1}\mathbf{a}_{2n-2}\right] + (2n-1)\operatorname{Tr}\left(\mathbf{a}_{2n}^{-1}\mathbf{a}_{2n-1}\right)^2 \\ &= -\frac{4n-3}{2}\left(2 \operatorname{Tr}\left[\mathbf{a}_{2n}^{-1}\mathbf{a}_{2n-2}\right] - \frac{4n-2}{4n-3}\operatorname{Tr}\left(\mathbf{a}_{2n}^{-1}\mathbf{a}_{2n-1}\right)^2\right) \\ &= \frac{4n-3}{2}\sum_{i=1}^{4n}\lambda_i^2 + \frac{1}{2}\operatorname{Tr}\left(\mathbf{a}_{2n}^{-1}\mathbf{a}_{2n-1}\right)^2,\end{aligned}$$

wodurch sich (2.68) letztlich zu

$$\begin{aligned}(\ln \det \mathbb{D})_{,z} &= \frac{1}{4\varrho}\operatorname{Tr}\left[\mathbb{N}\Lambda^2\mathbb{D}^{-1} - \mathbb{N}\right] + \frac{1}{2}\operatorname{Tr}\left[\mathbb{A}_0\mathbb{D}\Lambda\mathbb{D}^{-1} + \mathbb{A}_0\right] \\ &= \frac{(4n-3)\sum_{i=1}^{4n}\lambda_i^2 + \operatorname{Tr}\left(\mathbf{a}_{2n}^{-1}\mathbf{a}_{2n-1}\right)^2 - 4n(2n-1)}{8\varrho} - \frac{1}{2}\operatorname{Tr}\left[\mathbb{A}_0\mathbf{a}_{2n}^{-1}\mathbf{a}_{2n-1}\right] \\ &\stackrel{(2.61)}{=} \frac{\varrho}{2}\left(\operatorname{Tr}\left[\mathbb{A} - \mathbb{A}_0\right]\right) + \frac{4n-3}{8\varrho}\sum_{i=1}^{4n}\lambda_i^2 - \frac{2n(2n-1)}{4\varrho} \\ &\stackrel{(2.63)}{=} 2(k-k_0)_{,z} + \frac{4n-3}{8\varrho}\sum_{i=1}^{4n}\lambda_i^2 - \frac{2n(2n-1)}{4\varrho} \quad (2.70)\end{aligned}$$

vereinfacht. Eine analoge Formel findet man für die Ableitung nach $\bar{z}$:

$$(\ln\det\mathbb{D})_{,\bar{z}} = 2(k-k_0)_{,\bar{z}} - \frac{1}{8\varrho}\sum_{i=1}^{4n}\lambda_i^{-2} + \frac{2n(2n-1)}{4\varrho}, \qquad (2.71)$$

so dass nach Integration eine Gleichung zur Bestimmung von e^{2k} folgt:

$$\mathrm{e}^{2(k-k_0)} = \mathrm{const.}\det\mathbb{D}\,\varrho^{2n(n-1)}\prod_{i=1}^{4n}\frac{(\lambda_i^2-1)^{1-n}}{\lambda_i^{\frac{1}{2}}}.$$

Erinnert man sich nun, dass mit λ_i auch $-\lambda_i$ Nullstelle von $\det\mathbf{P}_{2n}(\lambda)$ ist (vgl. Kapitel 2.2.3), können die λ_i wieder wie folgt nummeriert werden:

$$\lambda_{2n+j} = -\lambda_j \qquad \text{für} \qquad j=1,\ldots,2n. \qquad (2.72)$$

Dadurch ändert sich das Produkt

$$\prod_{i=1}^{4n}\frac{(\lambda_i^2-1)^{1-n}}{\lambda_i^{\frac{1}{2}}} = \prod_{i=1}^{2n}\frac{(\lambda_i^2-1)^{1-n}}{\lambda_i^{\frac{1}{2}}}\frac{((-\lambda_i)^2-1)^{1-n}}{(-\lambda_i)^{\frac{1}{2}}} = \pm\prod_{i=1}^{2n}\frac{(\lambda_i^2-1)^{2-2n}}{\lambda_i},$$

wobei es hier auf das Vorzeichen nicht ankommt, da es ggf. von der freien Konstanten absorbiert wird. Durch die Eigenschaft (2.72) kann man $\det\mathbb{D}$ in ein Produkt zweier Determinanten aufspalten. Hierzu muss man wissen, wie die Einträge in der Blockmatrix $\mathbb{D}$ für λ_j mit $j>2n$ aussehen. Man erkennt sofort, dass

$$\boldsymbol{\Lambda}_{k+n} = \begin{pmatrix}\lambda_{2(k+n)-1} & 0 \\ 0 & \lambda_{2(k+n)}\end{pmatrix} = -\begin{pmatrix}\lambda_{2k-1} & 0 \\ 0 & \lambda_{2k}\end{pmatrix} = -\boldsymbol{\Lambda}_k \qquad (2.73)$$

ist. Weiterhin benötigt man

$$\boldsymbol{\Psi}_0(\lambda_i)\mathbf{C}_i = \boldsymbol{\Phi}_0^{-1}(-1)\boldsymbol{\Phi}_0(\lambda_i)\mathbf{C}_i = \boldsymbol{\Phi}_0^{-1}(-1)\begin{pmatrix}\psi_i \\ \chi_i\end{pmatrix}$$

und

$$\boldsymbol{\Psi}_0(\lambda_{2n+i})\mathbf{C}_{2n+i} = \boldsymbol{\Phi}_0^{-1}(-1)\boldsymbol{\Phi}_0(\lambda_{2n+i})\mathbf{C}_{2n+i} = \frac{\boldsymbol{\Phi}_0^{-1}(-1)}{a_i}\begin{pmatrix}-\psi_i \\ \chi_i\end{pmatrix}.$$

Somit ist der Zusammenhang zwischen $\boldsymbol{\Psi}_{k+n}$ und $\boldsymbol{\Psi}_k$ durch

$$\boldsymbol{\Psi}_{k+n} = \frac{1}{a_{2k}a_{2k-1}}\boldsymbol{\Phi}_0^{-1}(-1)\begin{pmatrix}-1 & 0 \\ 0 & 1\end{pmatrix}\boldsymbol{\Phi}_0(-1)\boldsymbol{\Psi}_k =: \tilde{\boldsymbol{\Psi}}_k \qquad (2.74)$$

gegeben. Nun kann man die Determinante der Blockmatrix $\mathbb{D}$

$$\det\mathbb{D} = \begin{vmatrix} \boldsymbol{\Psi}_1 & \cdots & \boldsymbol{\Psi}_n & \boldsymbol{\Psi}_{n+1} & \cdots & \boldsymbol{\Psi}_{2n} \\ \boldsymbol{\Psi}_1\boldsymbol{\Lambda}_1 & \cdots & \boldsymbol{\Psi}_n\boldsymbol{\Lambda}_n & \boldsymbol{\Psi}_{n+1}\boldsymbol{\Lambda}_{n+1} & \cdots & \boldsymbol{\Psi}_{2n}\boldsymbol{\Lambda}_{2n} \\ \vdots & \ddots & \vdots & \vdots & \ddots & \vdots \\ \boldsymbol{\Psi}_1\boldsymbol{\Lambda}_1^{2n-1} & \cdots & \boldsymbol{\Psi}_n\boldsymbol{\Lambda}_n^{2n-1} & \boldsymbol{\Psi}_{n+1}\boldsymbol{\Lambda}_{n+1}^{2n-1} & \cdots & \boldsymbol{\Psi}_{2n}\boldsymbol{\Lambda}_{2n}^{2n-1} \end{vmatrix}$$

vereinfachen, indem man die k-ten Spalten ($k = n + 1, \ldots, 2n$) durch (2.73) und (2.74) mit den ersten Spalten in Verbindung bringt und die Definitionen der einzelnen Matrizen einsetzt. Anschließend kann man durch Addition von Spalten und Umsortieren von Zeilen den folgenden Zusammenhang herstellen:

$$\det \mathbb{D} = \text{const.} \begin{vmatrix} 0 & 0 & \ldots & 0 & -\psi_1 & \ldots & -\psi_{2n} \\ 0 & 0 & \ldots & 0 & -\chi_1\lambda_1 & \ldots & -\chi_{2n}\lambda_{2n} \\ \vdots & \vdots & \ddots & \vdots & \vdots & \ddots & \vdots \\ 0 & 0 & \ldots & 0 & -\chi_1\lambda_1^{2n-1} & \ldots & -\chi_{2n}\lambda_{2n}^{2n-1} \\ \chi_1 & \chi_2 & \ldots & \chi_{2n} & \chi_1 & \ldots & \chi_{2n} \\ \psi_1\lambda_1 & \psi_2\lambda_2 & \ldots & \psi_{2n}\lambda_{2n} & \psi_1\lambda_1 & \ldots & \psi_{2n}\lambda_{2n} \\ \vdots & \vdots & \ddots & \vdots & \vdots & \ddots & \vdots \\ \psi_1\lambda_1^{2n-1} & \psi_2\lambda_2^{2n-1} & \ldots & \psi_{2n}\lambda_{2n}^{2n-1} & \psi_1\lambda_1^{2n-1} & \ldots & \psi_{2n}\lambda_{2n}^{2n-1} \end{vmatrix}.$$

Dabei enthält die Konstante ein negatives Vorzeichen, wenn die Anzahl der zu vertauschenden Zeilen ungerade ist und darüber hinaus noch $\prod_{j=1}^{2n} \det \mathbf{\Phi}_0^{-1}(-1)/a_j$, was zu Beginn der Umformungen aus den hinteren Spalten herausgezogen wurde. Allerdings kann man sowohl das Vorzeichen, als auch das Produkt vor der Determinante vernachlässigen, da sie nur die Integrationskonstante in e^{2k} ändern. In der Determinante stehen nun vier Blöcke der Dimension $2n \times 2n$, so dass sich ihr Wert aus dem Produkt der Determinanten der Nebendiagnalblöcke ergibt:

$$\det \mathbb{D} = \text{const.} \begin{vmatrix} -\psi_1 & \ldots & -\psi_{2n} \\ -\chi_1\lambda_1 & \ldots & -\chi_{2n}\lambda_{2n} \\ \vdots & \ddots & \vdots \\ -\chi_1\lambda_1^{2n-1} & \ldots & -\chi_{2n}\lambda_{2n}^{2n-1} \end{vmatrix} \begin{vmatrix} \chi_1 & \ldots & \chi_{2n} \\ \psi_1\lambda_1 & \ldots & \psi_{2n}\lambda_{2n} \\ \vdots & \ddots & \vdots \\ \psi_1\lambda_1^{2n-1} & \ldots & \psi_{2n}\lambda_{2n}^{2n-1} \end{vmatrix}.$$

Nun zieht man aus jeder Spalte das erste Element heraus, also insgesamt das Produkt $\prod_{j=1}^{2n} \psi_j \chi_j$. Da die α_j gemäß Gleichung (2.34) zu $\alpha_j := -\psi_j/\chi_j$ definiert waren, erhält man schließlich mit

$$e^{2k} = \text{const.} \, \varrho^{-2n+2n^2} \prod_{j=1}^{2n} \frac{\psi_j \chi_j \left[\lambda_j^2 - 1\right]^{2-2n}}{\lambda_j} \, \mathfrak{E}_1(\alpha_i) \mathfrak{E}_1(1/\alpha_i),$$

$$\mathfrak{E}_1(\alpha_i) = \begin{vmatrix} 1 & \alpha_1\lambda_1 & \lambda_1^2 & \ldots & \alpha_1\lambda_1^{2n-1} \\ 1 & \alpha_2\lambda_2 & \lambda_2^2 & \ldots & \alpha_2\lambda_2^{2n-1} \\ \vdots & \vdots & \vdots & \ddots & \vdots \\ 1 & \alpha_{2n}\lambda_{2n} & \lambda_{2n}^2 & \ldots & \alpha_{2n}\lambda_{2n}^{2n-1} \end{vmatrix}.$$

einen Ausdruck, den man auch in [Kra80] finden kann. Diese Gleichung wird nun weiter umgeformt, bis keine λ_j mehr vorkommen. Da sich eine der beiden Determinanten aus der anderen durch $\alpha_k \to 1/\alpha_k$ ergibt, genügt es, die nötigen Schritte anhand bspw. der ersten aufzuzeigen. Etwaige Vorfaktoren müssen am Schluss lediglich zweimal berücksichtigt werden.

Die Form der $(2n \times 2n)$-Determinante $\mathfrak{E}_1(\alpha_i)$ lädt zu den vertrauten Umformungsschritten ein. Man

- erzeuge $(\lambda_j^2 - 1)^k$ und ersetze dies durch $[-\mathrm{i}(z + \bar{z})/(K_j + \mathrm{i}z)]^k$,

- ziehe aus jeder $(2k - 1)$-ten Spalte das $[-\mathrm{i}(z + \bar{z})]^{k-1}$ und aus jeder $2k$-ten Spalte auch $[-\mathrm{i}(z + \bar{z})]^{k-1}$ heraus $(k = 2, \ldots, n)$, d.h. es gibt insgesamt einen Vorfaktor $[-\mathrm{i}(z + \bar{z})]^{n(n-1)}$,

- multipliziere jede j-te Zeile mit $(K_j + \mathrm{i}z)^n$ durch, so dass in der letzten Spalte $\alpha_j r_j$ übrig bleibt.

Das Ergebnis sieht dann folgendermaßen aus:

$$\frac{(-2\mathrm{i}\varrho)^{n(n-1)}}{\prod\limits_{j=1}^{2n}(K_j + \mathrm{i}z)^n} \begin{vmatrix} (K_1 + \mathrm{i}z)^n & \alpha_1 r_1 (K_1 + \mathrm{i}z)^{n-1} & (K_1 + \mathrm{i}z)^{n-1} & \ldots & \alpha_1 r_1 \\ (K_2 + \mathrm{i}z)^n & \alpha_2 r_2 (K_2 + \mathrm{i}z)^{n-1} & (K_2 + \mathrm{i}z)^{n-1} & \ldots & \alpha_2 r_2 \\ \vdots & \vdots & \vdots & \ddots & \vdots \\ (K_{2n} + \mathrm{i}z)^n & \alpha_{2n} r_{2n} (K_{2n} + \mathrm{i}z)^{n-1} & (K_{2n} + \mathrm{i}z)^{n-1} & \ldots & \alpha_{2n} r_{2n} \end{vmatrix}.$$

Da es hier keine Spalte mit konstanten Einträgen gibt, kann man keine Linearkombinationen bilden, so dass $\mathrm{i}z$ komplett aus den ungeraden Spalten der Determinante verschwindet (für die geraden Spalten funktioniert es wie bisher). Allerdings lassen sich die Potenzen $(K_j - \mathrm{i}z)^k$ durch Linearkombination zu $K_j^{k-1}(K_j + \mathrm{i}z)$ vereinfachen, was später zur Berechnung der Integrationskonstante hilfreich ist.

Da nun die Determinanten umgeschrieben sind, kann man den Vorfaktor weiter vereinfachen:

$$\varrho^{-2n+2n^2} \prod_{j=1}^{2n} \frac{\psi_j \chi_j \left[\lambda_j^2 - 1\right]^{2-2n}}{\lambda_j} \frac{(-2\mathrm{i}\varrho)^{2n(n-1)}}{\prod\limits_{k=1}^{2n}(K_k + \mathrm{i}z)^{2n}} = (-2\mathrm{i})^{2n-2n^2} \prod_{j=1}^{2n} \frac{\psi_j \chi_j}{r_j(K_j + \mathrm{i}z)}.$$

Somit lässt sich nun e^{2k} durch

$$\mathrm{e}^{2(k-k_0)} = \prod_{j=1}^{2n} \frac{1}{r_j(K_j + \mathrm{i}z)} \mathfrak{E}_2(\alpha_i) \mathfrak{E}_2(1/\alpha_i) \qquad (2.75)$$

mit

$$\mathfrak{E}_2(\alpha_i) = \begin{vmatrix} K_1^{n-1}(K_1+\mathrm{i}z) & \alpha_1 r_1 K_1^{n-1} & K_1^{n-2}(K_1+\mathrm{i}z) & \cdots & \alpha_1 r_1 \\ K_2^{n-1}(K_2+\mathrm{i}z) & \alpha_2 r_2 K_2^{n-1} & K_2^{n-2}(K_2+\mathrm{i}z) & \cdots & \alpha_2 r_2 \\ \vdots & \vdots & \vdots & \ddots & \vdots \\ K_{2n}^{n-1}(K_{2n}+\mathrm{i}z) & \alpha_{2n} r_{2n} K_{2n}^{n-1} & K_{2n}^{n-2}(K_{2n}+\mathrm{i}z) & \cdots & \alpha_{2n} r_{2n} \end{vmatrix}$$

berechnen. Das konstante Produkt $\prod_{j=1}^{2n} \psi_j \chi_j$ wurde im letzten Schritt von der einzig verbleibenden Konstanten e^{2k_0} absorbiert, welche sich bspw. für $r \to \infty$ bestimmen lässt, da dort $\mathrm{e}^{2k} \to 1$ geht. Wegen der Eingeschaften der BÄCKLUND-Parameter (vgl. Kapitel 2.2.3) ist sowohl das Produkt der beiden Determinanten $\mathfrak{E}_2(\alpha_i)\mathfrak{E}_2(1/\alpha_i)$ als auch $\prod_{j=1}^{2n} r_j(K_j+\mathrm{i}z)$ reell, so dass e^{2k} reellwertig ist. An der Darstellung (2.75) erkennt man, dass die kritischen Stellen $z(K_j)$ auch Singularitäten von e^{2k} sein können.

2.3.3 Die Bestimmung der Integrationskonstanten

Um die Integrationskonstante a_0 in (2.56) zu bestimmen, bieten sich verschiedene Möglichkeiten, da a sowohl auf der Rotationsachse $\mathcal{A}^+$ als auch im räumlich Unendlichen verschwindet. Betrachtet man den Determinantenquotienten $\mathfrak{D}_2/\mathfrak{B}_2^+$ in der Äquatorebene und entwickelt die Determinante nach der ersten Zeile, so ergeben sich im Zähler vier und im Nenner zwei Unterdeterminanten. Da diese Determinanten sich nur in einer Spalte unterscheiden, kann man sie geschickt zusammenfassen, d.h. im Zähler erhält man $(-n\varrho)$ mal eine zusammengesetzte Determinante $\mathfrak{D}_2^-$ und $(-\mathrm{i})$ mal eine andere Determinante $\mathfrak{D}_2^+$. Da im Nenner ebenfalls $\mathfrak{D}_2^-$ übrig bleibt, ergibt sich:

$$\mathrm{Re}\left(\frac{\mathfrak{D}_2}{\mathfrak{B}_2^+}\right) = \mathrm{Re}\left(\frac{-n\varrho\mathfrak{D}_2^- - \mathrm{i}\mathfrak{D}_2^+}{\mathfrak{D}_2^-}\right) = -n\varrho - \mathrm{Re}\left(\mathrm{i}\frac{\mathfrak{D}_2^+}{\mathfrak{D}_2^-}\right) = -n\varrho + \mathrm{Im}\left(\frac{\mathfrak{D}_2^+}{\mathfrak{D}_2^-}\right).$$

Dabei ist der Minuend leicht nachzuvollziehen, da der Summand $2n\varrho$ auf der rechten Seite von (2.56) kompensiert werden muss, damit die Gleichung auch für große ϱ regulär bleibt. Analysiert man nun den Quotienten aus

$$\mathfrak{D}_2^+ = \begin{vmatrix} K_1^n & \alpha_1 r_1 K_1^{n-1} & \alpha_1 r_1 K_1^{n-2} - K_1^{n-1} & K_1^{n-2} & \cdots & 1 \\ K_2^n & \alpha_2 r_2 K_2^{n-1} & \alpha_2 r_2 K_2^{n-2} - K_2^{n-1} & K_2^{n-2} & \cdots & 1 \\ \vdots & \vdots & \vdots & \vdots & \ddots & \vdots \\ K_{2n}^n & \alpha_{2n} r_{2n} K_{2n}^{n-1} & \alpha_{2n} r_{2n} K_{2n}^{n-2} - K_{2n}^{n-1} & K_{2n}^{n-2} & \cdots & 1 \end{vmatrix}$$

und

$$\mathfrak{D}_2^- = \begin{vmatrix} \alpha_1 r_1 K_1^{n-1} - K_1^n & K_1^{n-1} & \alpha_1 r_1 K_1^{n-2} & K_1^{n-2} & \dots & 1 \\ \alpha_2 r_2 K_2^{n-1} - K_2^n & K_2^{n-1} & \alpha_2 r_2 K_2^{n-2} & K_2^{n-2} & \dots & 1 \\ \vdots & \vdots & \vdots & \vdots & \ddots & \vdots \\ \alpha_{2n} r_{2n} K_{2n}^{n-1} - K_{2n}^n & K_{2n}^{n-1} & \alpha_{2n} r_{2n} K_{2n}^{n-2} & K_{2n}^{n-2} & \dots & 1 \end{vmatrix}$$

im Grenzfall $\varrho \to \infty$, d.h. $r_j \to \infty$ und insbesondere $r_j = r_k$ für alle j und k, so kann man aus den entsprechenden Spalten r_j herausziehen. Die zusätzlichen Faktoren kürzen sich, da in Zähler und Nenner gleichviele r_j vorkommen und vertauscht man in $\mathfrak{D}_2^-$ noch die erste und die zweite Spalte, so erkennt man die Gleichheit der beiden Determinanten ab der zweiten Spalte. Leider gibt es keine Vereinfachung für einen Quotienten aus Determinanten, welche sich nur in einer Spalte unterscheiden. Damit bleibt als Ergebnis

$$\operatorname{Re}\left(\frac{\mathfrak{D}_2}{\mathfrak{B}_2^+}\right) = -n\varrho + \operatorname{Im}\left(\frac{\mathfrak{D}^+}{\mathfrak{D}^-}\right)$$

mit

$$\mathfrak{D}^\pm = \pm \begin{vmatrix} K_1^{n-1/n} & \alpha_1 K_1^{n-1} & \alpha_1 K_1^{n-2} & K_1^{n-2} & \dots & 1 \\ K_2^{n-1/n} & \alpha_2 K_2^{n-1} & \alpha_2 K_2^{n-2} & K_2^{n-2} & \dots & 1 \\ \vdots & \vdots & \vdots & \vdots & \ddots & \vdots \\ K_{2n}^{n-1/n} & \alpha_{2n} K_{2n}^{n-1} & \alpha_{2n} K_{2n}^{n-2} & K_{2n}^{n-2} & \dots & 1 \end{vmatrix}$$

stehen. Jetzt lässt sich (2.56) im räumlich Unendlichen in der Äquatorebene betrachten und die Integrationskonstante ergibt sich zu:

$$a_0 = -2\operatorname{Im}\left(\frac{\mathfrak{D}^+}{\mathfrak{D}^-}\right). \tag{2.76}$$

Insbesondere gilt für $n = 1$ (vgl. Kapitel 3.3.2):

$$a_0 = -2\operatorname{Im}\left(\frac{\alpha_2 K_1 - \alpha_1 K_2}{\alpha_1 - \alpha_2}\right) = -2\operatorname{Im}\left(\frac{-\mathrm{e}^{\mathrm{i}\delta}K_1 + K_1 \mathrm{e}^{-\mathrm{i}\delta}}{\mathrm{e}^{-\mathrm{i}\delta} + \mathrm{e}^{\mathrm{i}\delta}}\right) = -2\alpha. \tag{2.77}$$

Durch die Vorarbeit im vorigen Kapitel ist die Bestimmung der Integrationskonstanten e^{2k_0} aus (2.75) nicht besonders schwierig. Man betrachte wieder den Grenzwert $r \to \infty$ (dieses Mal nicht notwendigerweise in der Äquatorebene), so dass $r_j = r_k$ und auch $K_j + \mathrm{i}z = K_k + \mathrm{i}z$ gilt. Dann können von den Vorfaktoren des Determinantenprodukts die $1/r_j$ in die geraden und $1/(K_j + \mathrm{i}z)$ in die ungeraden Spalten hineingezogen werden. Die Anzahl der Vorfaktoren passt dabei genau zur Dimension der Determinanten, so dass für die Integrationskonstante

$$\mathrm{e}^{-2k_0} = \mathfrak{E}(\alpha_i)\mathfrak{E}(1/\alpha_i) \tag{2.78}$$

mit

$$\mathfrak{E}(\alpha_i) = \begin{vmatrix} K_1^{n-1} & \alpha_1 K_1^{n-1} & K_1^{n-2} & \ldots & \alpha_1 \\ K_2^{n-1} & \alpha_2 K_2^{n-1} & K_2^{n-2} & \ldots & \alpha_2 \\ \vdots & \vdots & \vdots & \ddots & \vdots \\ K_{2n}^{n-1} & \alpha_{2n} K_{2n}^{n-1} & K_{2n}^{n-2} & \ldots & \alpha_{2n} \end{vmatrix}$$

übrig bleibt.

Insbesondere für $n = 1$ gilt (vgl. Kapitel 3.3.2):

$$\mathrm{e}^{-2k_0} = \begin{vmatrix} 1 & \alpha_1 \\ 1 & \alpha_2 \end{vmatrix} \begin{vmatrix} 1 & 1/\alpha_1 \\ 1 & 1/\alpha_2 \end{vmatrix} = \frac{(\alpha_2 - \alpha_1)(\alpha_1 - \alpha_2)}{\alpha_1 \alpha_2} = 4\cos^2 \delta = 4 \frac{M^2 - \alpha^2}{M^2}. \quad (2.79)$$

Kapitel 3

Algorithmus

In diesem Kapitel wird nun beschrieben, wie die BÄCKLUND-Parameter gewählt werden können, damit die dargelegte exakte Lösung der EINSTEIN'schen Vakuumfeldgleichungen das Außenfeld eines Neutronensterns beschreibt. Dazu wird in einem ersten Schritt die Bedeutung des ERNST-Potentials auf der Rotationsachse untersucht und anschließend ein systematischer Algorithmus präsentiert, wie man aus einigen wenigen bekannten Daten eines Neutronensterns eine passende analytische Außenlösung berechnen kann. Am Beispiel der KERR-Lösung wird gezeigt, wie diese bspw. aus der Masse M und dem Drehimpuls J rekonstruiert werden kann.

3.1 Das ERNST-Potential auf der Rotationsachse

Ausgehend von den vorliegenden Symmetrieannahmen der Stationarität und Axialsymmetrie, ist es nicht verwunderlich, dass die Rotationsachse eine besondere Rolle bei Betrachtungen der Lösungen der ERNST-Gleichung spielt. Nimmt man die Äquatorsymmetrie noch hinzu und interessiert sich für den Außenraum eines Sterns, so nimmt das Stück der Symmetrieachse eine Sonderstellung ein, welches sich vom Nordpol des Sterns bis ins Unendliche erstreckt. Auf diesem, im Folgenden mit $\mathcal{A}^+$ bezeichneten Abschnitt, steckt die gesamte Information über den Außenraum, wie bereits von HAUSER und ERNST gezeigt wurde (s. [HE81]).

Bevor nun die Struktur analysiert werden kann, welche das ERNST-Potential auf der Achse - ausgehend von bspw. (2.46) - annimmt, stellt sich die Frage, ob die

$$\lambda_j(\varrho = 0, \zeta) = \sqrt{1} \quad \text{bzw.} \quad r_j(\varrho = 0, \zeta) = \sqrt{(K_j - \zeta)^2}$$

positiv oder negativ sind, d.h es muss etwas über die Konvention beim Wurzelziehen von (2.44) bzw. den zugehörigen λ_j gesagt werden.

Nachdem hierüber Klarheit herrscht, wird der angedeutete Algorithmus präsentiert und anschließend die Auswirkung der Äquatorsymmetrie auf diesen diskutiert.

3.1.1 Vorzeichen beim Radizieren

Das Vorzeichen der λ_j wird durch die Determinanten für $\chi(\lambda)$ und $\psi(\lambda)$ festgelegt (vgl. (2.38) und eine analoge Gleichung für $\psi(\lambda)$, die durch die Ersetzungen $\chi_0(\lambda) \to \psi_0(\lambda)$ und $\alpha_j \to 1/\alpha_j$, $j = 0, 1, 2, \ldots, 2n$ hervorgeht). Durch die hier vorliegende Beschränkung auf die MINKOWSKI-Startlösung, sind neben den a_j auch die α_j komplexe Konstanten. Eine Festlegung des Vorzeichens der λ_j kann noch durch eine Umdefinition der α_j absorbiert werden, da nur Kombinationen $\alpha_j \lambda_j^u$, u ungerade, vorkommen.

Unter Verwendung der in dieser Arbeit aufgeführten Determinanten stellt man fest, dass

$$\lambda_j = 1 \quad \text{auf} \quad \mathcal{A}^+$$

gilt, d.h. die Wurzel in

$$\lambda_j = \sqrt{\frac{K_j - \mathrm{i}\bar{z}}{K_j + \mathrm{i}z}}$$

muss so gezogen werden, dass der Realteil positiv ist.

Das bedeutet für die r_j wegen

$$r_j = \lambda_j(K_j + \mathrm{i}z) \quad \overset{\varrho \to 0}{\longmapsto} \quad r_j(\varrho = 0, \zeta) = K_j - \zeta,$$

dass $\operatorname{Re} r_j < 0$ für $\zeta > \operatorname{Re} K_j$ ist und somit für $\varrho^2 + \zeta^2 > |K_j|^2$ die Wurzel in bspw.

$$r_j = \sqrt{(K_j - \mathrm{i}\bar{z})(K_j + \mathrm{i}z)} = \sqrt{\varrho^2 + (K_j - \zeta)^2}$$

mit negativem Realteil gezogen werden muss.

3.1.2 Bestimmung der BÄCKLUND-Parameter aus dem Achsenpotential

Betrachtet man das ERNST-Potential in der Form (2.46) und geht auf die Achse $\mathcal{A}^+$, d.h. mit $\varrho \to 0$, so werden die Determinanten in Zähler und Nenner Polynome in ζ vom Grad n. Da auch auf $\mathcal{A}^+$ das ERNST-Potential für $\zeta \to \infty$ gegen Eins geht, müssen in Zähler- und Nennerpolynom die Koeffizienten vor der höchsten ζ-Potenz gleich sein und sie können o.B.d.A. gleich Eins gesetzt werden, so dass im Folgenden stets die Notation

$$\mathcal{A}^+: \quad f(\zeta) = \frac{\zeta^n + \sum_{j=1}^{n} b_j \zeta^{j-1}}{\zeta^n + \sum_{j=1}^{n} c_j \zeta^{j-1}} = \frac{Z(\zeta)}{N(\zeta)} \tag{3.1}$$

gilt.

Die Koeffizienten b_j und c_j können aus den BÄCKLUND-Parametern einfach berechnet werden: man setze in (2.46) $\varrho = 0$, mache einen Koeffizientenvergleich und teile noch durch den Koeffizienten vor ζ^n. Interessanter ist jedoch die Suche nach dem umgekehrten Zusammenhang, wie man also aus den Koeffizienten die BÄCKLUND-Parameter berechnen kann. Dass es einen solchen geben kann, liegt an den getroffenen Symmetrieannahmen und der daraus resultierenden Rolle der Achse $\mathcal{A}^+$ (vgl. [HE81]).

Die in diesem Abschnitt präsentierten Formeln gehen auf G. NEUGEBAUER zurück. Sie wurden u.a. in der Diplomarbeit von F. MAUCHER ([Mau08]) diskutiert und haben bereits dabei geholfen, die Frage nach einer stationären Konfiguration zweier Schwarzer Löcher negativ zu beantworten (vgl. [NH09]).

Sei nun $f(\zeta)$ eine rationale Funktion wie in (3.1) mit beliebigen Koeffizienten b_j und c_j, dann gibt es zu jedem Satz $\{b_j, c_j\}$ genau einen Satz BÄCKLUND-Parameter $\{K_j, \alpha_j\}$, so dass die $2n$-fache BÄCKLUND-Transformation angewandt auf die MINKOWSKI-Startlösung ein ERNST-Potential $f(\varrho, \zeta)$ generiert, welches auf der Achse $\mathcal{A}^+$ in die vorgegebene rationale Funktion (3.1) übergeht. Die BÄCKLUND-Parameter berechnen sich gemäß[1]

$$Z(\zeta)\bar{N}(\bar{\zeta}) + \bar{Z}(\bar{\zeta})N(\zeta) = 2\prod_{j=1}^{2n}(\zeta - K_j) \tag{3.2}$$

$$\text{und} \quad \alpha_j = \frac{\bar{N}(\bar{K}_j)}{N(K_j)} = -\frac{\bar{Z}(\bar{K}_j)}{Z(K_j)}. \tag{3.3}$$

Um (3.2) zu beweisen, kann man von $f(\varrho, \zeta)$ in der Form (2.46) ausgehen. In einem ersten Schritt geht man auf die Achse $\mathcal{A}^+$ und beachtet dabei das richtige Vorzeichen der r_j (vgl. Kapitel 3.1.1):

$$\mathfrak{B}_2^\pm(\varrho = 0, \zeta) = \begin{vmatrix} 1 & \pm 1 & 0 & 0 & \ldots & 0 \\ K_1^n & \alpha_1 K_1^{n-1}(K_1 - \zeta) & K_1^{n-1} & \alpha_1 K_1^{n-2}(K_1 - \zeta) & \ldots & 1 \\ \vdots & \vdots & \vdots & \vdots & \ddots & \vdots \\ K_{2n}^n & \alpha_{2n} K_{2n}^{n-1}(K_{2n} - \zeta) & K_{2n}^{n-1} & \alpha_{2n} K_{2n}^{n-2}(K_{2n} - \zeta) & \ldots & 1 \end{vmatrix}.$$

---
[1]Die Funktionen $Z(\zeta)$ und $N(\zeta)$ seien hier für komplexe ζ definiert.

Setzt man nun $\zeta = K_j$, so verschwinden die Einträge in den geraden Spalten der j-ten Zeile. Anschließend kann man Linearkombinationen der ungeraden Spalten bilden (das K_j-fache der $(2u+1)$-ten Spalte von der $(2u-1)$-ten abziehen, $u = 1, \ldots, n$), damit in der j-ten Zeile nur noch in der $(2n+1)$-ten Spalte die Eins übrig bleibt. Jetzt entwickelt man die Determinante nach dieser Zeile (dies bringt einen Vorfaktor $(-1)^{2n+1+j}$) und klammert aus der i-ten Zeile ($i = 2, 3, \ldots, 2n+1$) den in allen Spalten vorkommenden Faktor $(K_{i-1} - K_j)$ aus und erhält eine $(2n \times 2n)$-Determinante, bei der die Zeile mit K_j und α_j fehlt:

$$\mathfrak{B}_2^\pm(K_j) = (-1)^{1+j} \prod_{i \neq j}(K_i - K_j) \begin{vmatrix} 1 & \pm 1 & 0 & 0 & \ldots & 0 \\ K_1^{n-1} & \alpha_1 K_1^{n-1} & K_1^{n-2} & \alpha_1 K_1^{n-2} & \ldots & \alpha_1 \\ \vdots & \vdots & \vdots & \vdots & \ddots & \vdots \\ K_{2n}^{n-1} & \alpha_{2n} K_{2n}^{n-1} & K_{2n}^{n-2} & \alpha_{2n} K_{2n}^{n-2} & \ldots & \alpha_{2n} \end{vmatrix}.$$

An dieser Stelle bietet es sich an, die folgenden zwei Fälle zu untersuchen:

- $K_j \in \mathbb{R}$, $j = 1, \ldots, 2n$, d.h. alle K_j erfüllen automatisch die Bedingung $K_j = \bar{K}_j$ und die zugehörigen α_j müssen $\alpha_j \bar{\alpha}_j = 1$ erfüllen (vgl. (2.50) und (2.51)),

- $K_j \in \mathbb{C} \setminus \mathbb{R}$, $j = 1, \ldots, 2n$, d.h. zu jedem K_k gibt es ein $K_u = \bar{K}_k$ und die zugehörigen α_j erfüllen $\alpha_u \bar{\alpha}_k = 1$ (o.B.d.A. werden die BÄCKLUND-Parameter so durchnummeriert, dass u ungerade und $k = u+1$ gilt).

Betrachtet man nun für den ersten Fall

$$\overline{\mathfrak{B}_2^\pm(\bar{K}_j = K_j)} = \text{const.} \begin{vmatrix} 1 & \pm 1 & 0 & 0 & \ldots & 0 \\ K_1^{n-1} & \bar{\alpha}_1 K_1^{n-1} & K_1^{n-2} & \bar{\alpha}_1 K_1^{n-2} & \ldots & \bar{\alpha}_1 \\ \vdots & \vdots & \vdots & \vdots & \ddots & \vdots \\ K_{2n}^{n-1} & \bar{\alpha}_{2n} K_{2n}^{n-1} & K_{2n}^{n-2} & \bar{\alpha}_{2n} K_{2n}^{n-2} & \ldots & \bar{\alpha}_{2n} \end{vmatrix},$$

multipliziert die i-te Zeile mit α_i durch, setzt nun $\alpha_i \bar{\alpha}_i = 1$ ein und vertauscht anschließend jede ungerade u-te Spalte mit der $(u+1)$-ten, so hat man fast $\mathfrak{B}_2^\pm(K_j)$ rekonstruiert. Der einzige Unterschied ist die erste Zeile von $\mathfrak{B}_2^-(K_j)$. Dort ist das $(1,1)$- mit dem $(1,2)$-Element vertauscht, was durch Multiplikation mit (-1) geändert werden kann, d.h.

$$\frac{\mathfrak{B}_2^+(K_j)}{\mathfrak{B}_2^-(K_j)} = -\frac{\overline{\mathfrak{B}_2^+(\bar{K}_j)}}{\overline{\mathfrak{B}_2^-(\bar{K}_j)}}. \tag{3.4}$$

Auf beiden Seiten ist in Zähler und Nenner der Koeffizient vor der höchsten K_j-Potenz aufgrund des asymptotischen Verhaltens des ERNST-Potentials gleich. In der gekürzten Version kann man nun

$$\frac{\mathfrak{B}_2^+(K_j)}{\mathfrak{B}_2^-(K_j)} = \frac{Z(K_j)}{N(K_j)} \quad \text{bzw.} \quad \frac{\bar{Z}\left(\bar{K}_j\right)}{\bar{N}\left(\bar{K}_j\right)} = -\frac{\overline{\mathfrak{B}_2^+\left(\bar{K}_j\right)}}{\overline{\mathfrak{B}_2^-\left(\bar{K}_j\right)}}$$

feststellen, so dass wegen (3.4), mit beiden Nennern durchmultipliziert, (3.2) gilt. Den Faktor 2 auf der rechten Seite erkennt man bei einem Koeffizientenvergleich von ζ^{2n}.

Für den zweiten Fall verläuft der Beweis analog, wobei zusätzlich noch Zeilen vertauscht werden müssen. Die Kombination beider Fälle bedeutet, dass (3.2) allgemein für komplexe K_j gilt, so dass durch den Fundamentalsatz der Algebra die Existenz und Eindeutigkeit der Nullstellen garantiert ist.

An dieser Stelle wird deutlich, dass die K_j auch mit einer Vielfachheit $v > 1$ auftreten können. Wegen (3.3) sind dann auch die zugehörigen α_j von der selben Vielfachheit v, was bei einem Blick auf die Determinantenquotienten (bspw. (2.46)) dazu führt, dass v Zeilen in Zähler- und Nennerdeterminante identisch sind, wodurch beide verschwinden und ein Grenzfall „$(0/0)^v$" zu untersuchen ist. Eine detaillierte Untersuchung zeigt, dass auch für diesen Fall die Quotienten regulär sind (es ist die Regel von BERNOULLI anzuwenden, wobei die α_j als Funktionen der K_j aufzufassen sind). Da für die später relevante Approximation bisher noch keine K_j mehrfach aufgetreten sind, sollen in dieser Arbeit alle BÄCKLUND-Parameter nicht entartet sein.

Auch (3.3) kann durch Fallunterscheidung und Auswertung von (2.46) gezeigt werden. Hier wird ein etwas eleganterer Beweis angeführt, der darüber hinaus etwas mehr Einsicht in die Struktur der BÄCKLUND-Transformation geben soll.

Das Lineare System (2.18) kann von rechts mit einer Eichmatrix $\mathbf{D}(K)$ multipliziert werden. Dadurch wird aus einer Lösung $\boldsymbol{\Phi}$ eine neue Lösung $\boldsymbol{\Phi}' = \boldsymbol{\Phi}\mathbf{D}(K)$. Mit Hilfe von $\mathbf{D}(K)$ kann (3.3) elegant bewiesen werden, so dass zunächst die Eichmatrix für die hier angegebene Lösung (2.38) des Linearen Systems berechnet wird. Auf der Achse $\mathcal{A}^+$ faktorisiert $\boldsymbol{\Phi}$ in ein Produkt von der Form:

$$\mathcal{A}^+: \quad \boldsymbol{\Phi}(\varrho = 0, \zeta, K) = \begin{pmatrix} \bar{f}(\zeta) & 1 \\ f(\zeta) & -1 \end{pmatrix} \mathbf{D}(K). \tag{3.5}$$

Zunächst wird nun $\mathfrak{A}_1(\alpha_0 = -1, \lambda)$ in die λ_j- und λ-freie Form gebracht. Da die entsprechenden Operationen wieder in Zähler und Nenner vorgenommen werden, kürzen sich anfallende Vorfaktoren heraus und man kann das Ergebnis prinzipiell aus (2.46) ablesen (nur die erste Zeile ist neu und äquivalent zu den anderen mit

$\alpha_0 = -1$ und $r = \lambda(K + \mathrm{i}z)$, allerdings muss ein $(K + \mathrm{i}z)^{-n}$ herausgezogen werden, welches im Nenner nicht vorkommt):

$$\mathfrak{A}_2 = \frac{1}{(K+\mathrm{i}z)^n} \begin{vmatrix} K^n & -rK^{n-1} & K^{n-1} & -rK^{n-2} & \cdots & 1 \\ K_1^n & \alpha_1 r_1 K_1^{n-1} & K_1^{n-1} & \alpha_1 r_1 K_1^{n-2} & \cdots & 1 \\ \vdots & \vdots & \vdots & \vdots & \ddots & \vdots \\ K_{2n}^n & \alpha_{2n} r_{2n} K_{2n}^{n-1} & K_{2n}^{n-1} & \alpha_{2n} r_{2n} K_{2n}^{n-2} & \cdots & 1 \end{vmatrix}.$$

Nun wird χ im Windungspunkt $\zeta = K$ auf der Achse $\mathcal{A}^+$ betrachtet:

$$\chi(\zeta = K) = \frac{1}{K^n} \frac{\mathfrak{A}_2(\zeta = K)}{\mathfrak{B}_2^+(\zeta = K)},$$

wobei in

$$(K+\mathrm{i}z)^n \mathfrak{A}_2 = \begin{vmatrix} K^n & 0 & K^{n-1} & 0 & \cdots & 1 \\ K_1^n & \alpha_1 K_1^{n-1}(K_1 - K) & K_1^{n-1} & \alpha_1 K_1^{n-2}(K_1 - K) & \cdots & 1 \\ \vdots & \vdots & \vdots & \vdots & \ddots & \vdots \\ K_{2n}^n & \alpha_{2n} K_{2n}^{n-1}(K_{2n} - K) & K_{2n}^{n-1} & \alpha_{2n} K_{2n}^{n-2}(K_{2n} - K) & \cdots & 1 \end{vmatrix}$$

noch von jeder j-ten Zeile ($j = 2, 3, \ldots, 2n$) die erste abgezogen wird. Anschließend kann aus jeder j-ten Zeile der Faktor $(K_j - K)$ herausgezogen werden und die verbleibenden Ausdrücke in den ungeraden Spalten werden zunächst mit

$$\frac{K_j^n - K^n}{K_j - K} = K_j^{n-1} + K \frac{K_j^{n-1} - K^{n-1}}{K_j - K}$$

umgeformt. Dabei wird iterativ vorgegangen, d.h. zunächst wird die Umformung in der ersten Spalte vorgenommen, dann das K-fache der dritten Spalte abgezogen, um anschließend die Umformung in der dritten Spalte vorzunehmen usw. Anschließend wird noch nach der letzten Spalte entwickelt und man erhält:

$$\chi(\zeta = K) = \frac{1}{K^n} \prod_{j=1}^{2n} (K_j - K) \frac{\mathfrak{K}}{\mathfrak{B}_2^+(\zeta = K)}. \tag{3.6}$$

Hierbei ist

$$\mathfrak{K} = \begin{vmatrix} K_1^{n-1} & \alpha_1 K_1^{n-1} & K_1^{n-2} & \alpha_1 K_1^{n-2} & \cdots & \alpha_1 \\ K_2^{n-1} & \alpha_2 K_2^{n-1} & K_2^{n-2} & \alpha_2 K_2^{n-2} & \cdots & \alpha_2 \\ \vdots & \vdots & \vdots & \vdots & \ddots & \vdots \\ K_{2n}^{n-1} & \alpha_{2n} K_{2n}^{n-1} & K_{2n}^{n-2} & \alpha_{2n} K_{2n}^{n-2} & \cdots & \alpha_{2n} \end{vmatrix} \tag{3.7}$$

bei genauer Betrachtung der Koeffizient vor ζ^{2n} in $\mathfrak{B}_2^\pm(\varrho = 0, \zeta)$, so dass der Zusammenhang

$$\mathfrak{B}_2^+(\varrho = 0, \zeta) = \mathfrak{K} N(\zeta) \quad \text{bzw.} \quad \mathfrak{B}_2^-(\varrho = 0, \zeta) = \mathfrak{K} Z(\zeta) \tag{3.8}$$

hergestellt werden kann. Benutzt man zudem noch (3.2) für $\zeta = K$:

$$Z(K)\bar{N}\left(\bar{K}\right) + \bar{Z}\left(\bar{K}\right)N(K) = 2\prod_{j=1}^{2n}(K - K_j),$$

so lässt sich $\chi(\zeta = K)$ wie folgt aufschreiben:

$$\chi(\zeta = K) = \frac{1}{2K^n}\frac{Z(K)\bar{N}\left(\bar{K}\right) + \bar{Z}\left(\bar{K}\right)N(K)}{N(K)}. \tag{3.9}$$

Eine analoge Betrachtung liefert

$$\psi(\zeta = K) = \frac{1}{2K^n}\frac{Z(K)\bar{N}\left(\bar{K}\right) + \bar{Z}\left(\bar{K}\right)N(K)}{\bar{N}\left(\bar{K}\right)}, \tag{3.10}$$

womit schließlich aus (3.5) im Windungspunkt $\zeta = K$ die Eichmatrix $\mathbf{D}(K)$ berechnet werden kann:

$$\begin{aligned}\mathbf{D}(K) &= \begin{pmatrix}\bar{f}\left(\bar{K}\right) & 1 \\ f(K) & -1\end{pmatrix}^{-1}\begin{pmatrix}\psi(K) & \psi(K) \\ \chi(K) & -\chi(K)\end{pmatrix} \\ &= \frac{1}{2K^n}\begin{pmatrix}N(K) + \bar{N}\left(\bar{K}\right) & N(K) - \bar{N}\left(\bar{K}\right) \\ Z(K) - \bar{Z}\left(\bar{K}\right) & Z(K) + \bar{Z}\left(\bar{K}\right)\end{pmatrix}.\end{aligned}$$

Damit lassen sich nun über die Eigenwertgleichung (2.30) auf $\mathcal{A}^+$

$$\mathbf{\Phi}(\varrho = 0, \zeta, \lambda_k)\begin{pmatrix}1 \\ -a_k\end{pmatrix} = \frac{1}{\alpha_k - 1}\begin{pmatrix}\bar{f}(\zeta) & 1 \\ f(\zeta) & -1\end{pmatrix}\mathbf{D}(K_k)\begin{pmatrix}\alpha_k - 1 \\ \alpha_k + 1\end{pmatrix} = \begin{pmatrix}0 \\ 0\end{pmatrix}$$

die beiden Gleichungen

$$\left[N(K_k) + \bar{N}\left(\bar{K}_k\right)\right](\alpha_k - 1) + \left[N(K_k) - \bar{N}\left(\bar{K}_k\right)\right](\alpha_k + 1) = 0$$
$$\left[Z(K_k) - \bar{Z}\left(\bar{K}_k\right)\right](\alpha_k - 1) + \left[Z(K_k) + \bar{Z}\left(\bar{K}_k\right)\right](\alpha_k + 1) = 0$$

gewinnen, welche äquivalent zu (3.3) sind.

Zusammenfassend lässt sich festhalten, dass man mit den Gleichungen für e^{2U} (2.46), e^{2k} (2.75) und a (2.56) eine exakte Lösung der EINSTEIN'schen Vakuumfeldgleichungen mit $2n$ frei wählbaren BÄCKLUND-Parametern zur Verfügung hat. Die Bestimmungsgleichungen (3.2) und (3.3) stellen einen Zusammenhang dieser Parameter mit einem ERNST-Potential (3.1) auf der Rotationsachse dar, so dass das Problem der Approximation des Außenfelds eines Neutronensterns nun auf das Finden eines ERNST-Potentials auf $\mathcal{A}^+$ zurückgeführt wurde.

3.1.3 Äquatorsymmetrie

Wie in Kapitel 2.2.3 bereits diskutiert, werden in dieser Arbeit nur Neutronensterne mit einer Spiegelsymmetrie bzgl. der Äquatorebene untersucht. An dieser Stelle sollen die Auswirkungen dieser Symmetrie auf das ERNST-Potential (3.1) kurz beschrieben werden.

Wie MEINEL und NEUGEBAUER in [MN95] und KORDAS in [Kor95] gezeigt haben, ist diese Art der Symmetrie eindeutig durch eine einfache Beziehung für das ERNST-Potential auf der Achse $\mathcal{A}^+$ charakterisiert:

$$f(\zeta)\overline{f(-\zeta)} = 1. \tag{3.11}$$

Diese Bedingung ist genau dann erfüllt, wenn $N(\zeta) = \overline{Z(-\zeta)}$ gilt. Im Beweis von Theorem 2 in [Kor95] wurde gezeigt, dass dies äquivalent zu der Bedingung

$$c_n = -\bar{b}_n, \quad c_{n-1} = \bar{b}_{n-1}, \quad \ldots, \quad c_1 = \begin{cases} \bar{b}_1, & n \text{ gerade} \\ -\bar{b}_1, & n \text{ ungerade} \end{cases} \tag{3.12}$$

ist. D.h. von den $2n$ komplexen Koeffizienten b_j und c_j sind nur n komplexe Parameter frei wählbar.

3.2 Konstruktion eines Achsenpotentials aus Neutronensterndaten

Die Konstruktion eines ERNST-Potentials auf $\mathcal{A}^+$ aus den Daten eines Neutronensterns ist der letzte und vielleicht schwierigste Schritt auf dem Weg zu einer guten Approximation. Während beim systematischen Berechnen des gesamten Außenraums durch die entsprechenden Gleichungen ((3.2), (3.3), (2.46), (2.56) und (2.75)) unter den hier vorliegenden Symmetrieannahmen keine Freiheit mehr besteht, gibt es zur Konstruktion eines Achsenpotentials keinen Königsweg.

Hier kann man großen Wert auf das richtige asymptotische Verhalten setzen oder eine möglichst genaue Approximation in der Nähe der Sternoberfläche fordern, um bspw. später Lichtablenkung in der Nähe des Sterns gut untersuchen zu können. Es ist auch denkbar, dass man ein Achsenpotential allein aus astrophysikalisch beobachtbaren Größen konstruieren kann, um Akkretionsprozesse o.ä. zu studieren.

Im Folgenden werden nun einige Verfahren vorgestellt, wie man einen numerisch berechneten Neutronenstern unter verschiedenen Gesichtspunkten approximieren kann.

3.2.1 Konstruktion aus den Multipolmomenten

Eine sehr naheliegende und anschauliche Methode, ein Achsenpotential zu bestimmen, ist die Konstruktion aus den Multipolmomenten des Neutronensterns. Dazu betrachtet man die Reihenentwicklung von $X(\zeta)$ bei $\zeta = \infty$:

$$X(\zeta) \equiv \frac{1 - f(\zeta)}{1 + f(\zeta)} = \sum_{j=0}^{\infty} m_j \zeta^{-j-1}, \tag{3.13}$$

wobei die Koeffizienten m_j in eineindeutiger Weise die GEROCH-HANSEN-Multipolmomente P_j bestimmen. Der explizite Zusammenhang zwischen m_j und P_j ist bspw. in [FHP89] für $j = 0, 1, \ldots, 10$ angegeben. Bemerkenswert ist dabei der Zusammenhang $m_i = P_i$ für $i = 0, 1, 2, 3$ und die Tatsache, dass bei Kenntnis der m_j ($j = 0, 1, \ldots, k \leq 10$) das Multipolmoment P_k berechnet werden kann und umgekehrt. Die Einschränkung $k \leq 10$ ist willkürlich[2] und für die Zwecke der vorliegenden Arbeit nicht relevant, da eine Approximation mit wenigen Parametern angestrebt ist.

Setzt man nun für $f(\zeta)$ den Ansatz (3.1) in (3.13) ein, erweitert und multipliziert mit dem Nenner durch und vergleicht anschließend die Koeffizienten vor den jeweiligen ζ-Potenzen, so ergibt dies ein Gleichungssystem für die Konstanten b_j und c_j (vgl. [MR98]). Dieses kann man prinzipiell nach b_j und c_j auflösen und diese Koeffizienten dann in $f(\zeta)$ einsetzen. Da die Bestimmung von $f(\zeta)$ aus (3.13) im wesentlichen eine PADÉ-Approximation ist (s. [Bak65]), wird an dieser Stelle nur das Ergebnis angegeben:

$$Z(\zeta) = \frac{\mathfrak{Z}(\zeta)}{\mathfrak{M}}, \text{ mit } \mathfrak{Z}(\zeta) = \begin{vmatrix} \zeta^n - \sum_{j=0}^{n-1} m_j \zeta^{n-1-j} & m_n & \cdots & m_{2n-1} \\ \zeta^{n-1} - \sum_{j=0}^{n-2} m_j \zeta^{n-2-j} & m_{n-1} & \cdots & m_{2n-2} \\ \vdots & \vdots & \ddots & \vdots \\ \zeta - m_0 & m_1 & \cdots & m_n \\ 1 & m_0 & \cdots & m_{n-1} \end{vmatrix} \tag{3.14}$$

mit dem Koeffizienten von ζ^n in $\mathfrak{Z}(\zeta)$:

$$\mathfrak{M} = \begin{vmatrix} m_{n-1} & m_n & \cdots & m_{2n-2} \\ m_{n-2} & m_{n-1} & \cdots & m_{2n-3} \\ \vdots & \vdots & \ddots & \vdots \\ m_1 & m_2 & \cdots & m_n \\ m_0 & m_1 & \cdots & m_{n-1} \end{vmatrix}.$$

---

[2]Prinzipiell kann nach dem Schema in [FHP89] der Zusammenhang zwischen m_j und P_j für beliebiges j berechnet werden, auch wenn es zunehmend komplizierter wird.

Eine analoge Gleichung entsteht für $N(\zeta)$, wenn in der ersten Spalte von $\mathfrak{Z}(\zeta)$ das „−" durch ein „+" ersetzt wird.

An dieser expliziten Darstellung kann man erkennen, dass (3.12) automatisch erfüllt ist, wenn die m_j für gerade j reell und sonst rein imaginär sind, was eine andere Formulierung für Äquatorsymmetrie ist (vgl. [Kor95]). Eine weitere grundlegende Eigenschaft kann aus (3.14) abgelesen werden: die Struktur des Koeffizienten b_n vor ζ^{n-1}. Dieser ergibt sich zu $-m_0$ plus einen Determinantenquotienten, welcher bei Äquatorsymmetrie rein imaginär ist, so dass

$$\operatorname{Re} b_n = -m_0 \qquad (3.15)$$

gilt.

Es liegt mit (3.14) und der analogen Formel für $N(Z)$ zusammen ein ERNST-Potential vor, welches aus den Multipolmomenten des Neutronensterns abgeleitet werden kann.[3] Dadurch wird nach Konstruktion das Verhalten im Fernfeld sehr gut erfasst, d.h. die zur Bestimmung von $f(\zeta)$ benutzten m_j ($j = 0, 1, \ldots, 2n-1$) stimmen exakt mit den vorgegebenen überein, während für die m_j ($j > 2n-1$) im Allgemeinen keine Korrelation feststellbar ist. Möchte man hingegen das Außenfeld eines Neutronensterns in der Nähe der Oberfläche studieren, bietet sich die folgende Vorgehensweise an.

3.2.2 Konstruktion aus Neutronensterndaten auf der Achse

Für die Approximation eines numerisch bereits berechneten Neutronensterns, bei dem bspw. auch Funktionswerte des ERNST-Potentials auf der Rotationsachse $\mathcal{A}^+$ vorliegen, können auch diese zur Konstruktion des Achsenpotentials herangezogen werden. Kennt man also an bestimmten Stützstellen ζ_i die zugehörigen Werte $f(\zeta_i)$, so lässt sich das Gleichungssytem

$$f(\zeta_i) = \frac{\zeta_i^n + \sum_{j=1}^n b_j \zeta_i^{j-1}}{\zeta_i^n + \sum_{j=1}^n c_j \zeta_i^{j-1}} \qquad (3.16)$$

aufstellen. Unter der Verwendung der Relation (3.12) sind n Stützstellen ausreichend, um alle Koeffizienten zu bestimmen.

Auf diesem Weg erhält man ein Achsenpotential in der gewünschten Form, welches an den Stützstellen ζ_i genau mit den numerisch berechneten Werten des

---

[3] Genau genommen wird das ERNST-Potential aus den m_j bestimmt. Hat man diese aus den Multipolmomenten P_j bestimmt, stimmt die o.g. Behauptung. Auf die Angabe der unübersichtlichen zu (3.14) analogen Ausdrücke in P_j wurde verzichtet.

Neutronensterns übereinstimmt. Hat man nun noch die Möglichkeit, Stützstellen in der Nähe bzw. am Nordpol des Sterns zu wählen, ist die Approximation in diesem Bereich nach Konstruktion sehr gut.

In dieser Arbeit werden später Approximationen mit $n = 1, 2, 3$ und 4 betrachtet[4], so dass die Wahl der Stützstellen ein wichtiger Punkt ist. Es hat sich als vorteilhaft erwiesen, die Approximationslösungen iterativ aufzubauen und bei $n = 1$ mit dem Nordpol des Sterns als Stützstelle zu beginnen, da das richtige asymptotische Verhalten $f \to 1$ für $\zeta \to \infty$ bereits durch den Ansatz gewährleistet ist. Anschließend wird die relative Abweichung dieser Näherungslösung mit den numerischen Werten an den Stützstellen berechnet und für die $(n = 2)$-BÄCKLUND-Lösung wird die Stützstelle gewählt, an der die Abweichung am größten ist. So kann man prinzipiell Approximationen mit beliebig vielen Parametern angeben, solange genügend Stützstellen vorhanden sind.

Das größte systematische Problem dieser Herangehensweise ist, dass die so konstruierte analytische Lösung die Masse M und den Drehimpuls J (und alle anderen Multipolmomente) des Sterns nicht gut approximieren kann. M und J bestimmen die führenden Ordnungen der metrischen Funktionen e^{2U} und a, so dass es sinnvoll ist, die in diesem Abschnitt geschilderte Methode zu erweitern.

Wenn man neben der Übereinstimmung des Achspotentials an den Stützstellen noch die Masse M und den Drehimplus J vorgeben möchte, ist dies nicht so einfach zu realisieren. Die Masse M ließe sich über (3.15) als zusätzliche Nebenbedingung einbauen, allerdings gibt es eine solche für den Drehimpuls J nicht. Um diesen dennoch vorgeben zu können, betrachtet man alle Koeffizienten b_j und c_j im ERNST-Potential (3.1) als Funktionen der m_j (vgl. (3.14)). Dieses Mal betrachtet man (3.16) zur Bestimmung der m_j bei festgehaltener Masse $M = m_0$ und Drehimpuls $J = -im_1$. Dieses Gleichungssystem ist nichtlinear und somit sind Existenz bzw. Eindeutigkeit der Lösung nicht garantiert. Für die Belange dieser Arbeit wurde das Gleichungssystem über ein mehrdimensionales Simplex-Verfahren (vlg. [NM65]) gelöst, d.h. die m_j wurden solange variiert, bis (3.16) im Rahmen der Genauigkeit erfüllt wurde.

3.3 Beispiel: Die KERR-Lösung

Das KERR-Schwarze-Loch ist das einzige isolierte und von Vakuum umgebene, stationäre und axialsymmetrische Schwarze Loch (vgl. u.a. [Rob75], [Heu96]). Eine

---

[4]Das Ziel ist eine Beschreibung mit möglichst wenig Parametern.

Möglichkeit, die KERR-Lösung als die einzige eines entsprechenden Randwertproblems zu finden, ist in [NM03] angegeben.

An diesem einfachen Beispiel soll der Algorithmus nun demonstriert werden, indem aus den ersten beiden Multipolmomenten M und J die KERR-Lösung - zunächst das ERNST-Potential, später die gesamte Metrik - rekonstruiert wird. Zum einen ist dies eine Möglichkeit, das allgemeine Vorgehen der hier gezeigten Approximationsmethode zu skizzieren und mit der bekannten Lösung zu vergleichen. Andererseits entspricht sie - außer für den Fall, dass das Achsenpotential allein an Stützstellen ζ_i konstruiert wurde - immer der $(n = 1)$-BÄCKLUND-Lösung und ist als solche für das Kapitel 4 relevant.

3.3.1 Das ERNST-Potential der KERR-Lösung

Man beginnt also mit der Konstruktion eines Achsenpotentials gemäß (3.14) für den Fall $n = 1$, d.h. $\mathfrak{Z}(\zeta)$ ist eine (2×2)-Determinanten und $\mathfrak{M} = m_0 = M$. Es gilt:

$$f(\zeta) = \frac{\zeta - m_0 - \frac{m_1}{m_0}}{\zeta + m_0 - \frac{m_1}{m_0}} = \frac{\zeta - M - \mathrm{i}\alpha}{\zeta + M - \mathrm{i}\alpha}, \qquad (3.17)$$

wobei mit $\alpha = J/M$ der spezifische Drehimpuls eingeführt wurde. Nachdem nun das ERNST-Potential auf der Achse $\mathcal{A}^+$ gefunden wurde, gilt es gemäß (3.2) und (3.3) die BÄCKLUND-Parameter zu bestimmen. Das Polynom

$$Z(\zeta)\bar{N}(\bar{\zeta}) + \bar{Z}(\bar{\zeta})N(\zeta) = 2\left[\zeta^2 - \left(M^2 - \alpha^2\right)\right]$$

hat die beiden Nullstellen

$$K_1 = \sqrt{M^2 - \alpha^2} \quad \text{und} \quad K_2 = -\sqrt{M^2 - \alpha^2}, \qquad (3.18)$$

die für $J < M^2$ reell und für $J > M^2$ imaginär sind. An dieser Stelle bietet sich eine Fallunterscheidung und eine damit einhergehende Parametrisierung an.

Im ersten Fall $J < M^2$ stellt die Lösung das KERR-Schwarze-Loch dar und die reellen K_j werden gemäß

$$K_1 = -K_2 = M\cos\delta, \quad \alpha = -M\sin\delta \quad \text{mit} \quad -\frac{\pi}{2} < \delta < 0$$

parametrisiert. In dieser Darstellung lassen sich auch einfach die zugehörigen α_j nach (3.3) berechnen:

$$\alpha_1 = \frac{\bar{N}(\bar{K}_1)}{N(K_1)} = \frac{M\cos\delta + M - \mathrm{i}M\sin\delta}{M\cos\delta + M + \mathrm{i}M\sin\delta} = \frac{\mathrm{e}^{-\mathrm{i}\delta} + 1}{\mathrm{e}^{\mathrm{i}\delta} + 1} = \mathrm{e}^{-\mathrm{i}\delta} \quad \text{bzw.} \quad \alpha_2 = -\mathrm{e}^{\mathrm{i}\delta}. \qquad (3.19)$$

Die Gleichungen (3.18) und (3.19) zeigen, dass die BÄCKLUND-Parameter entartet sind, was bei je zwei Bedingungen (2.50) und (2.53) für die K_j bzw. (2.51) und (2.54) für die α_j zu erwarten war.

Nachdem nun die BÄCKLUND-Parameter bestimmt sind, kann man diese in (2.46) einsetzen und erhält:

$$\mathfrak{B}_2^\pm = \begin{vmatrix} 1 & \pm 1 & 0 \\ K_1 & \alpha_1 r_1 & 1 \\ K_2 & \alpha_2 r_2 & 1 \end{vmatrix} = \alpha_1 r_1 - \alpha_2 r_2 \mp (K_1 - K_2) \quad \text{bzw.}$$

$$f(\varrho, \zeta) = \frac{\mathfrak{B}_2^-}{\mathfrak{B}_2^+} = \frac{\mathrm{e}^{-\mathrm{i}\delta} r_1 + \mathrm{e}^{\mathrm{i}\delta} r_2 + 2M \cos\delta}{\mathrm{e}^{-\mathrm{i}\delta} r_1 + \mathrm{e}^{\mathrm{i}\delta} r_2 - 2M \cos\delta} \quad (3.20)$$

mit der nach Kapitel 3.1.1 gültigen Konvention $r_{1/2} = \sqrt{\varrho^2 + \left(K_{1/2} - \zeta\right)^2}$, so dass im Grenzwert $\varrho \to 0$ wieder (3.17) entsteht.

In analoger Weise kann man auch den Fall $J > M^2$ behandeln, der als überextreme KERR-Lösung bekannt und für sich allein nicht physikalisch ist, da er „nackte" Singularitäten aufweist. Da in dieser Arbeit die näherungsweise Beschreibung des Außenfelds von Neutronensternen untersucht wird, ist die überextreme KERR-Lösung als $(n = 1)$-BÄCKLUND-Lösung durchaus interessant.[5] Auch der Fall $J = M^2$, also die extreme KERR-Lösung, ist als Spezialfall in den beiden Fällen enthalten. Für diesen gilt das bereits in Kapitel 3.1.2 für zusammenfallende K_j festgestellte.

3.3.2 Die KERR-Metrik

Typischerweise wird die KERR-Metrik ([Ker63]) in BOYER-LINDQUIST-Koordinaten ([BL67]) angegeben:

$$\mathrm{d}s^2 = \Sigma \left(\frac{\mathrm{d}r^2}{\Delta} + \mathrm{d}\vartheta^2\right) + \mathrm{e}^{-2\nu}\Delta \sin^2\vartheta \,(\mathrm{d}\varphi - \omega\,\mathrm{d}t)^2 - \mathrm{e}^{2\nu}\mathrm{d}t^2 \quad (3.21)$$

mit

$$\Sigma = r^2 + \alpha^2 \cos^2\vartheta, \quad \Delta = r^2 - 2Mr + \alpha^2,$$

$$\mathrm{e}^{2\nu} = \frac{\Delta\Sigma}{(r^2 + \alpha^2)^2 - \Delta\alpha^2 \sin^2\vartheta} \quad \text{und} \quad \omega = \frac{2Jr}{\Sigma\Delta}\mathrm{e}^{2\nu}.$$

Der Zusammenhang zwischen den BOYER-LINDQUIST-Koordinaten mit den kanonischen WEYL-Koordinaten ist dabei durch

$$\varrho = \sqrt{r^2 - 2Mr + \alpha^2} \sin\vartheta = \sqrt{\Delta}\sin\vartheta, \quad \zeta = (r - M)\cos\vartheta, \quad (3.22)$$

---
[5] Für die Sonne gilt bspw. $J \approx M^2$, so dass eine erste Approximation durch die überextreme KERR-Lösung gegeben sein kann.

$$r = \frac{r_+ + r_-}{2} + M, \quad \cos\vartheta = \frac{r_+ - r_-}{2\sqrt{M^2 - \alpha^2}}, \quad r_\pm = -r_{1/2} \qquad (3.23)$$

gegeben.[6] Ein Vergleich mit dem Linienelement (2.4) zeigt, dass

$$-g_{44} = e^{2U} = \frac{\Sigma - 2Mr}{\Sigma} \qquad (3.24)$$

gilt. Weiterhin kann man aus dem Mischterm

$$2g_{34} = -2a e^{2U} = -\frac{4\alpha M r \sin^2\vartheta}{\Sigma} \quad \Rightarrow \quad a = \frac{2Mr\alpha \sin^2\vartheta}{\Sigma - 2Mr} \qquad (3.25)$$

ablesen. Um e^{2k} zu bestimmen, muss man die Koordinatendifferentiale umrechnen:

$$d\varrho = \frac{2r - 2M}{2\sqrt{\Delta}} \sin\vartheta \, dr + \sqrt{\Delta} \cos\vartheta \, d\vartheta, \qquad d\zeta = \cos\vartheta \, dr - (r - M)\sin\vartheta \, d\vartheta,$$

$$d\varrho^2 = \frac{(r-M)^2}{\Delta} \sin^2\vartheta \, dr^2 + \Delta \cos^2\vartheta \, d\vartheta^2 + 2(r-M)\sin\vartheta\cos\vartheta \, dr\, d\vartheta \quad \text{und}$$

$$d\zeta^2 = \cos^2\vartheta \, dr^2 + (r-M)^2 \sin^2\vartheta \, d\vartheta^2 - 2(r-M)\sin\vartheta\cos\vartheta \, dr\, d\vartheta.$$

Ein Vergleich liefert nun

$$e^{2k-2U} \left(\Delta \cos^2\vartheta + (r-M)^2 \sin^2\vartheta\right) \left(\frac{dr^2}{\Delta} + d\vartheta^2\right) = \Sigma \left(\frac{dr^2}{\Delta} + d\vartheta^2\right)$$

$$\Rightarrow e^{2k} = \frac{\Sigma}{\Delta \cos^2\vartheta + (r-M)^2 \sin^2\vartheta} e^{2U} = \frac{\Sigma - 2Mr}{\Delta + (M^2 - \alpha^2)\sin^2\vartheta}. \qquad (3.26)$$

Jetzt können (3.24), (3.25) und (3.26) aus (2.46), (2.56) und (2.75) hergeleitet und die Integrationskonstanten überprüft werden.

Erweitern von (3.20) liefert:

$$\begin{aligned}
f(\varrho, \zeta) &= \frac{-e^{-i\delta} r_+ - e^{i\delta} r_- + 2M \cos\delta}{-e^{-i\delta} r_+ - e^{i\delta} r_- - 2M \cos\delta} \\
&= \frac{(\cos\delta - i\sin\delta) r_+ + (\cos\delta + i\sin\delta) r_- - 2M \cos\delta}{(\cos\delta - i\sin\delta) r_+ + (\cos\delta + i\sin\delta) r_- + 2M \cos\delta} \\
&= \frac{\cos\delta \, (r_+ + r_- - 2M) - i\sin\delta \, (r_+ - r_-)}{\cos\delta \, (r_+ + r_- + 2M) - i\sin\delta \, (r_+ - r_-)} \\
&= \frac{\cos^2\delta \, [(r_+ + r_-)^2 - 4M^2] + \sin^2\delta (r_+ - r_-)^2 - i 4M(r_+ - r_-)\cos\delta \sin\delta}{\cos^2\delta \, (r_+ + r_- + 2M)^2 + \sin^2\delta \, (r_+ - r_-)^2} \\
&= e^{2U} + ib
\end{aligned}$$

---

[6] Dabei sind die $r_\pm$ so gewählt, dass sie als „Abstände", d.h. mit positivem Realteil, betrachtet werden können.

und somit kann die metrische Funktion e^{2U} wie folgt abgelesen werden:

$$\begin{aligned}
e^{2U} &= \frac{\cos^2\delta\,[(r_+ + r_-)^2 - 4M^2] + \sin^2\delta\,(r_+ - r_-)^2}{\cos^2\delta\,(r_+ + r_- + 2M)^2 + \sin^2\delta\,(r_+ - r_-)^2} \\
&= \frac{\cos^2\delta\,[(2r-2M)^2 - 4M^2] + \sin^2\delta\,\cos^2\vartheta\,4(M^2-\alpha^2)}{\cos^2\delta\,4r^2 + \sin^2\delta\,\cos^2\vartheta\,4(M^2-\alpha^2)} \\
&= 1 + \frac{-8Mr}{4r^2 + 4\tan^2\delta\,\cos^2\vartheta\,(M^2-\alpha^2)} = 1 - \frac{2Mr}{r^2 + \alpha^2\cos^2\vartheta} = 1 - \frac{2Mr}{\Sigma}.
\end{aligned}$$

Zur Berechnung von a gemäß (2.56) wird

$$\mathfrak{D}_2 = \begin{vmatrix} -(\varrho + i\zeta) & -\varrho & -i \\ K_1 & \alpha_1 r_1 & 1 \\ K_2 & \alpha_2 r_2 & 1 \end{vmatrix}$$

$$= -(\varrho + i\zeta)(\alpha_1 r_1 - \alpha_2 r_2) + \varrho(K_1 - K_2) - i(K_1\alpha_2 r_2 - K_2\alpha_1 r_1)$$

benötigt. Damit ist nun

$$\begin{aligned}
(a - a_0)e^{2U} &= 2\varrho + 2\mathrm{Re}\left(\frac{\mathfrak{D}_2}{\mathfrak{B}_2^+}\right) \\
&= 2\varrho + 2\mathrm{Re}\left[\frac{-(\varrho + i\zeta)(\alpha_1 r_1 - \alpha_2 r_2) + \varrho(2K_1) - i(K_1\alpha_2 r_2 + K_1\alpha_1 r_1)}{\alpha_1 r_1 - \alpha_2 r_2 - (2K_1)}\right] \\
&= 2\varrho - 2\varrho - 2\mathrm{Re}\left[\frac{i\zeta(\alpha_1 r_1 - \alpha_2 r_2) + iK_1(\alpha_1 r_1 + \alpha_2 r_2)}{\alpha_1 r_1 - \alpha_2 r_2 - 2K_1}\right] \\
&= 2\mathrm{Im}\left[\zeta + M\cos\delta\frac{-e^{-i\delta}r_+ + e^{i\delta}r_- + 2\zeta}{-e^{-i\delta}r_+ - e^{i\delta}r_- - 2M\cos\delta}\right] \\
&= 2M\cos\delta\,\mathrm{Im}\frac{-2\zeta + \cos\delta\,(r_+ - r_-) - i\sin\delta\,(r_+ + r_-)}{\cos\delta\,(r_+ + r_- + 2M) - i\sin\delta\,(r_+ - r_-)} \\
&= \frac{2\alpha\,[\alpha^2\cos^2\vartheta + r^2 - Mr + Mr\cos^2\vartheta]}{r^2 + \alpha^2\cos^2\vartheta}
\end{aligned}$$

und es empfiehlt sich an dieser Stelle durch e^{2U} in der oben angegebenen Form zu teilen:

$$\begin{aligned}
a - a_0 &= \frac{2\alpha\,[\alpha^2\cos^2\vartheta + r^2 - Mr + Mr\cos^2\vartheta]}{r^2 + \alpha^2\cos^2\vartheta}\,\frac{r^2 + \alpha^2\cos^2\vartheta}{r^2 + \alpha^2\cos\vartheta - 2Mr} \\
&= \frac{2\alpha\,[r^2 + \alpha^2\cos^2\vartheta - Mr(1 + \cos^2\vartheta)]}{r^2 + \alpha^2\cos^2\vartheta - 2Mr}.
\end{aligned}$$

Bildet man hier den Grenzwert $r \to \infty$, so findet man die Integrationskonstante $a_0 = -2\alpha$ (vgl. (2.77)), welche auf die rechte Seite gebracht, nach Erweitern und Zusammenfassen schließlich - in Übereinstimmung mit (3.25) -

$$a = \frac{2Mr\alpha\sin^2\vartheta}{r^2 + \alpha^2\cos^2\vartheta - 2Mr}$$

ergibt.

Schließlich kann nun die metrische Funktion e^{2k} nach (2.75) wie folgt berechnet werden:

$$\begin{aligned}
e^{2(k-k_0)} &= \prod_{j=1}^{2} \frac{1}{r_j(K_j + iz)} \begin{vmatrix} K_1 + iz & \alpha_1 r_1 \\ K_2 + iz & \alpha_2 r_2 \end{vmatrix} \begin{vmatrix} K_1 + iz & \frac{r_1}{\alpha_1} \\ K_2 + iz & \frac{r_2}{\alpha_2} \end{vmatrix} \\
&= \frac{[(K_1 + iz)\alpha_2 r_2 - (K_2 + iz)\alpha_1 r_1] \left[\frac{K_1 + iz}{\alpha_2} r_2 - \frac{K_2 + iz}{\alpha_1} r_1\right]}{r_1 r_2 (K_1 + iz)(K_2 + iz)} \\
&= \frac{(K_1 + iz)^2 r_2^2 + (K_2 + iz)^2 r_1^2}{r_1 r_2 (K_1 + iz)(K_2 + iz)} - \left(\frac{\alpha_2}{\alpha_1} + \frac{\alpha_1}{\alpha_2}\right) \\
&= \frac{(K_1 + iz)(K_2 - i\bar{z}) + (K_2 + iz)(K_1 - i\bar{z})}{r_+ r_-} - \left(\frac{\alpha_2}{\alpha_1} + \frac{\alpha_1}{\alpha_2}\right) \\
&= \frac{2K_1 K_2 + 2z\bar{z}}{r_+ r_-} - \frac{e^{2i\delta} + e^{-2i\delta}}{-e^{-i\delta} e^{i\delta}} \\
&= \frac{-2(M^2 - \alpha^2) + 2(\varrho^2 + \zeta^2)}{r_+ r_-} + 2\cos 2\delta \\
&= \frac{-2(M^2 - \alpha^2) + 2\left((r^2 - 2Mr + \alpha^2)\sin^2\vartheta + (r - M)^2 \cos^2\vartheta\right)}{\frac{1}{4}((r_+ + r_-)^2 - (r_+ - r_-)^2)} + 2\cos 2\delta \\
&= \frac{2\left(r^2 - 2Mr + \alpha^2 \sin^2\vartheta + M^2 \cos^2\vartheta\right) - 2(M^2 - \alpha^2)}{\frac{1}{4}\left(4(r - M)^2 - 4(M^2 - \alpha^2)\cos^2\vartheta\right)} + 2 - 4\sin^2\delta \\
&= \frac{2\left(r^2 - 2Mr + \alpha^2 \sin^2\vartheta + M^2 \cos^2\vartheta\right) - 2(M^2 - \alpha^2)}{r^2 - 2Mr + \alpha^2 + (M^2 - \alpha^2)\sin^2\vartheta} + 2 - \frac{4\alpha^2}{M^2} \\
&= 4 - \frac{4\alpha^2}{M^2} - \frac{2M^2(-\cos^2\vartheta + 1 + \sin^2\vartheta) + 4\alpha^2 \sin^2\vartheta}{r^2 - 2Mr + \alpha^2 + (M^2 - \alpha^2)\sin^2\vartheta} \\
&= \frac{4(M^2 - \alpha^2)}{M^2} \left[1 - \frac{M^2 \sin^2\vartheta}{r^2 - 2Mr + \alpha^2 + (M^2 - \alpha^2)\sin^2\vartheta}\right] \\
&= \frac{4(M^2 - \alpha^2)}{M^2} \frac{\Sigma - 2Mr}{\Delta + (M^2 - \alpha^2)\sin^2\vartheta}.
\end{aligned}$$

Durch den Grenzübergang zu $r \to \infty$ kann auch hier die Integrationskonstante in Übereinstimmung mit (2.79) zu $e^{2k_0} = M^2/[4(M^2 - \alpha^2)]$ bestimmt werden und e^{2k} nimmt die Form (3.26) an.

3.4 Kritische Punkte und Singularitäten

In diesem Kapitel sollen die in Abschnitt 2.2.2 angesprochenen kritischen Punkte und Singularitäten diskutiert werden. Insbesondere wäre ein Zusammenhang zwischen den einfach zu bestimmenden kritischen Punkten z_k mit den Nullstellen der

Nennerdeterminante wünschenswert, da diese im Allgemeinen kompliziert zu berechnen sind. Betrachtet wird zunächst der Fall $n = 1$, da hier konkrete Formeln zur Bestimmung der Nullstellen angegeben und eine potentielle Korrelation mit den z_k untersucht werden kann. Anschließend wird etwas über die Existenz der Nullstellen ausgesagt.

Weil eine Außenlösung des Neutronensterns keine singulären Punkte enthalten darf, muss untersucht werden, ob und wo solche Punkte existieren. Zum anderen muss etwas zum Gültigkeitsbereich der Außenlösung gesagt werden (vgl. Kapitel 4.1.2). Stellt sich dann heraus, dass singuläre Punkte im Gültigkeitsbereich liegen, muss die Lösung verworfen werden.

Für eine bessere Darstellung werden hier die Koordinaten ϱ und ζ im Intervall $[-\infty, \infty]$ betrachtet[7]. So kann man in den Abbildungen die Schnittpunkte besser erkennen.

3.4.1 Nullstellen der Nennerdeterminante für $n = 1$

Wie bereits im vorangegangenen Kapitel verwendet, nimmt in diesem Fall die Nennerdeterminante die Form

$$\mathfrak{B}_2^+ = \begin{vmatrix} 1 & 1 & 0 \\ K_1 & \alpha_1 r_1 & 1 \\ K_2 & \alpha_2 r_2 & 1 \end{vmatrix} = \alpha_1 r_1 - \alpha_2 r_2 - (K_1 - K_2) \qquad (3.27)$$

an, d.h. für nichtentartete K_j sind die beiden Fälle reeller bzw. imaginärer K_j zu untersuchen. Da die Determinante im Allgemeinen komplex ist, sind die Nullstellen dort, wo Real- und Imaginärteil gleichzeitig verschwinden.

a) Ein Paar reeller K_j

Sei $K_1 = d_1$ und $\alpha_1 = g_1 + ih_1$ mit $d_1, g_1, h_1 \in \mathbb{R}$, d.h. die Bedingungen an die BÄCKLUND-Parameter (2.50) und (2.51) sind automatisch erfüllt bzw. liefern $g_1^2 + h_1^2 = 1$. Aufgrund der Äquatorsymmetrie (2.53) bzw. (2.54) muss $K_2 = -\bar{K}_1 = -d_1$ und $\alpha_2 = -\bar{\alpha}_1 = -g_1 + ih_1$ gelten.

Für reelle K_j werden auch die zugehörigen $r_j = \sqrt{\varrho^2 + (K_j - \zeta)^2}$ reell und Real- sowie Imaginärteil der Nennerdeterminante (3.27) lassen sich einfach auf Nullstellen untersuchen.

---

[7] Man kann sich die Untersuchung der Nennerdeterminante als von der physikalischen Problemstellung losgelöst vorstellen.

Mit den bisherigen Erkenntnissen vereinfacht sich der Realteil zu

$$\operatorname{Re} \mathfrak{B}_2^+ = g_1 r_1 + g_1 r_2 - 2d_1 = 0.$$

Bringt man $2d_1$ auf die rechte Seite und dividiert durch $g_1 \neq 0$ erhält man

$$r_1 + r_2 = \frac{2d_1}{g_1}$$

und erkennt, dass es nur Lösungen für $d_1/g_1 < 0$ gibt (r_1 und r_2 sind negativ). Mehrfaches Quadrieren liefert

$$\frac{d_1^2}{g_1^2}(1 - g_1^2) - \varrho^2 + \zeta^2 \left(g_1^2 - 1\right) = 0$$

bzw.

$$\frac{\varrho^2}{u^2} + \frac{\zeta^2}{v^2} = 1 \quad \text{mit} \quad u^2 = \frac{d_1^2(1 - g_1^2)}{g_1^2}, \quad v^2 = \frac{d_1^2}{g_1^2}. \tag{3.28}$$

Der Realteil verschwindet also für $g_1^2 < 1$ auf einer prolaten Ellipse mit den Halbachsen u und v ($u < v$).

Der Imaginärteil reduziert sich zu

$$\operatorname{Im} \mathfrak{B}_2^+ = h_1 r_1 - h_1 r_2 = 0,$$

d.h. für $h_1 \neq 0$ lautet die Bedingung $r_1 = r_2$, welche für $d_1 \neq 0$ nur durch $\zeta = 0$ erfüllt werden kann.

Der Imaginärteil verschwindet also auf der Geraden $\zeta = 0$, so dass die Nullstellen der Nennerdeterminante mit den Schnittpunkten der Ellipse und der Geraden bei

$$(\varrho, \zeta) = (\pm u, 0) = \left(\pm \frac{d_1 \sqrt{1 - g_1^2}}{g_1}, 0\right) \tag{3.29}$$

zusammenfallen.

b) Ein Paar imaginärer K_j

Sei $K_1 = \mathrm{i} e_1$ und $\alpha_1 = \mathrm{i} h_1$ mit $e_1, h_1 \in \mathbb{R}$[8]. Aufgrund der Bedingungen an die BÄCKLUND-Parameter (2.50) bzw. (2.51) muss $K_2 = \bar{K}_1 = -\mathrm{i} e_1$ und $\alpha_2 = 1/\bar{\alpha}_1 = (-\mathrm{i} h_1)^{-1} = \mathrm{i}/h_1$ gelten.

---

[8] Die Äquatorsymmetriebedingungen (2.53) sind identisch erfüllt und aus (2.54) folgt, dass die α_j imaginär sein müssen.

Aufgrund der komplexen K_j sind auch die r_j im Allgemeinen komplex. Man kann die Quadratwurzel einer komplexen Zahl $Z = \sqrt{X + \mathrm{i}Y}$ wie folgt berechnen (es gilt die Vorzeichenkonvention wie in Kapitel 3.1.1):

$$Z = -\frac{\sqrt{2}}{2}\left(\sqrt{\sqrt{X^2+Y^2}+X} + \mathrm{i}\cdot\mathrm{sgn}(Y)\sqrt{\sqrt{X^2+Y^2}-X}\right). \qquad (3.30)$$

Man erkennt, dass die Realteile von r_1 und r_2 gleich sind, während sich der Imaginärteil um ein Vorzeichen unterscheidet (Der Imaginärteil des Radikanden von r_1 hat stets das andere Vorzeichen als der von r_2).

Der Realteil von (3.27) ergibt

$$\mathrm{Re}\,\mathfrak{B}_2^+ = -h_1 \mathrm{Im}\,r_1 - \frac{\mathrm{Im}\,r_1}{b_1} = 0 \quad \stackrel{b_1 \neq 0}{\Longleftrightarrow} \quad \mathrm{Im}\,r_1 = 0.$$

Vom Imaginärteil von r_1 bleibt gemäß Lösungsformel (3.30) schließlich

$$\sqrt{X^2 + Y^2} - X = 0$$

übrig, was für $Y = 0$ und $X \geq 0$ der Fall ist. Vergleicht man Z mit r_1 erkennt man, dass $Y = 2\zeta e_1$ ist, was bei $e_1 \neq 0$ für $\zeta = 0$ verschwindet. Die Bedingung $X \geq 0$ übersetzt sich entsprechend zu

$$\varrho^2 + \zeta^2 - e_1^2 \stackrel{\zeta=0}{=} \varrho^2 - e_1^2 \geq 0.$$

Der Realteil verschwindet also auf der Geraden $g : \{\varrho \in \mathbb{R} \setminus (-e_1, e_1), \zeta = 0\}$.

Die Untersuchung des Imaginärteils ergibt:

$$\mathrm{Im}\,\mathfrak{B}_2^+ = h_1 \mathrm{Re}\,r_1 - \frac{\mathrm{Re}\,r_1}{h_1} - 2e_1 = 0 \quad \Longleftrightarrow \quad \mathrm{Re}\,r_1 = -\frac{2e_1 h_1}{1 - h_1^2}.$$

Lösungen existieren, wenn die rechte Seite für gegebenes l_1 und b_1 negativ ist (Re r_j ist stets negativ), so führt mehrfaches Quadrieren auf

$$\frac{2\varrho^2}{2e_1^2 + \kappa} + \frac{2\zeta^2}{\kappa} = 1, \quad \mathrm{mit} \quad \kappa = \frac{8e_1^2 h_1^2}{(1-h_1^2)^2}. \qquad (3.31)$$

Der Imaginärteil verschwindet also dieses Mal auf einer (ebenfalls prolaten) Ellipse, so dass die Nullstellen der Nennerdeterminante wieder mit den Schnittpunkten einer Ellipse mit zwei Halbgeraden bei

$$(\varrho, \zeta) = \left(\pm e_1 \sqrt{1 + \frac{4h_1^2}{(1-h_1^2)^2}}, 0\right) \qquad (3.32)$$

zusammenfallen.

Zusammenhang mit den kritischen Stellen

Für reelle K_j findet man $z(K_j) := \zeta_j = K_j = d_j$, d.h. die kritischen Stellen liegen auf der Rotationsachse. Man kann nun leicht ein g_1 ausrechnen, so dass der Abstand der Nullstellen vom Koordinatenursprung mit dem der kritischen Stellen zusammenfällt: $g_{1\mathrm{crit}} = \sqrt{2}/2$. Für $g_1 > g_{1\mathrm{crit}}$ liegen die neuen potentiellen Singularitäten also innerhalb eines Kreises um den Ursprung mit Radius $R = |K_j|$. Allerdings wandern sie für $g_1 \to 0$ immer weiter nach außen, so dass man im Allgemeinen darauf achten muss, dass sie noch innerhalb des Sterns liegen.

Ähnliches gilt für imaginäre K_j. Dort gilt $z(K_j) := \varrho_j = \mathrm{Im}\, K_j = e_j$, d.h. für $h_1 \to 0$ fallen sie mit den neuen potentiellen Singularitäten zusammen. Diese wandern für $h_1 \to 1$ nach außen, so dass man auch hier genau darauf achten muss, wo die Nullstellen von (3.27) liegen.

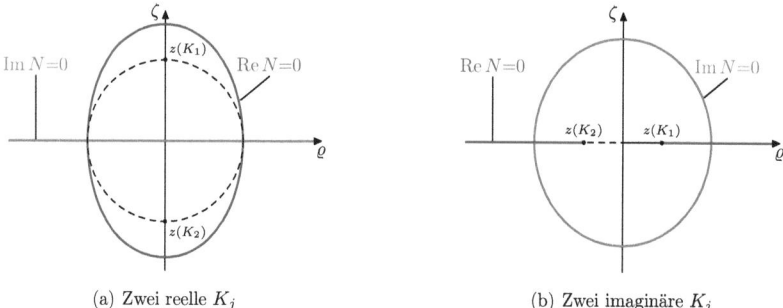

(a) Zwei reelle K_j (b) Zwei imaginäre K_j

Abbildung 3.1: Dargestellt ist jeweils der geometrische Ort aller Punkte, an denen der Real- bzw. Imaginärteil der Nennerdeterminante (3.27) verschwindet. Folglich befindet sich an jedem Schnittpunkt der Graphen eine Nullstelle.

Existenz der möglichen Nullstellen

Nachdem nun klar ist, dass es prinzipiell Nullstellen der Nennerdeterminante geben kann, stellt sich die Frage, ob diese unter sinnvollen physikalischen Annahmen existieren.

Für den Fall $n = 1$ ist der allgemeine Ausdruck für das ERNST-Potential auf der Achse durch (vgl. Kapitel 3.3.2)

$$f(\zeta) = \frac{\zeta - M + \mathrm{i}\alpha}{\zeta + M + \mathrm{i}\alpha} = \frac{Z(\zeta)}{N(\zeta)} \quad \text{mit} \quad M \in \mathbb{R}^+ \text{ und } \alpha \in \mathbb{R} \qquad (3.33)$$

gegeben. Hier ist sowohl die Äquatorsymmetrie (2.52) als auch die Bedingung (3.15) eingebaut, so dass M die Masse der Lösung darstellt und α an dieser Stelle ein freier reeller Parameter sei. Die K_j können aus dem Kapitel 3.3.2 übernommen werden:
$$K_{1/2} = \pm\sqrt{M^2 - \alpha^2}.$$
Hier beginnt wieder die Unterteilung in reelle und imaginäre K_j, je nachdem ob M^2 größer oder kleiner α^2 ist.

Für den Fall reeller K_j, d.h. $M^2 > \alpha^2$, berechnet man α_1 gemäß
$$\alpha_1 = -\frac{\bar{Z}(\bar{K}_1)}{Z(K_1)} = -\frac{M^2 - \alpha^2 - M\sqrt{M^2 - \alpha^2}}{M^2 - M\sqrt{M^2 - \alpha^2}} - \mathrm{i}\,\frac{\alpha M - \alpha\sqrt{M^2 - \alpha^2}}{M^2 - M\sqrt{M^2 - \alpha^2}} = g_1 + \mathrm{i}h_1.$$
Man kann sich nun davon überzeugen, dass $g_1^2 + h_1^2 = 1$ gilt. Es stellt sich die Frage, ob die Bedingung $d_1/g_1 < 0$ für die Existenz der Ellipse, auf der für reelle K_j der Realteil der Nennerdeterminante verschwindet, erfüllt werden kann. Die Auswertung dieser Bedingung
$$\frac{d_1}{g_1} = \frac{\sqrt{M^2 - \alpha^2}(M\sqrt{M^2 - \alpha^2} - M^2)}{M^2 - \alpha^2 - M\sqrt{M^2 - \alpha^2}} = \frac{M(M^2 - \alpha^2 - M\sqrt{M^2 - \alpha^2})}{M^2 - \alpha^2 - M\sqrt{M^2 - \alpha^2}} = M$$
ergibt, dass für $M \in \mathbb{R}^+$ keine Ellipse möglich ist. D.h., für ein ERNST-Potential mit positivem ersten Multipolmoment tritt die Nullstelle der Nennerdeterminante für reelle K_j nicht auf.

Für den Fall imaginärer K_j, d.h. $M^2 < \alpha^2$, berechnet man α_1 gemäß
$$\alpha_1 = -\frac{\bar{Z}(\bar{K}_1)}{Z(K_1)} = -\frac{\mathrm{i}\sqrt{\alpha^2 - M^2} - M - \mathrm{i}\alpha}{\mathrm{i}\sqrt{\alpha^2 - M^2} - M + \mathrm{i}\alpha} = 0 - \mathrm{i}\,\frac{M}{\alpha + \sqrt{\alpha^2 - M^2}} = \mathrm{i}h_1.$$
Wie erwartet verschwindet der Realteil von α_1. Die Auswertung der Existenzbedingung der Ellipse liefert:
$$-\frac{2e_1 h_1}{1 - h_1^2} = +\frac{2\sqrt{\alpha^2 - M^2}\,M}{\alpha + \sqrt{\alpha^2 - M^2}}\,\frac{(\alpha + \sqrt{\alpha^2 - M^2})^2}{(\alpha + \sqrt{\alpha^2 - M^2})^2 - M^2} = M.$$
Da $M \in \mathbb{R}^+$ gibt es also auch für imaginäre K_j keine Nullstellen der Nennerdeterminante.

3.4.2 Nullstellen der Nennerdeterminante für $n = 2$

In diesem Fall nimmt die Nennerdeterminante die folgende Form an:
$$\mathfrak{B}_2^+ = \begin{vmatrix} 1 & 1 & 0 & 0 & 0 \\ K_1^2 & K_1\alpha_1 r_1 & K_1 & \alpha_1 r_1 & 1 \\ K_2^2 & K_2\alpha_2 r_2 & K_2 & \alpha_2 r_2 & 1 \\ K_3^2 & K_3\alpha_3 r_3 & K_3 & \alpha_3 r_3 & 1 \\ K_4^2 & K_4\alpha_4 r_4 & K_4 & \alpha_4 r_4 & 1 \end{vmatrix} = P_K \begin{vmatrix} \frac{\alpha_1 r_1 - \alpha_2 r_2}{K_1 - K_2} - 1 & \frac{\alpha_1 r_1 - \alpha_4 r_4}{K_1 - K_4} - 1 \\ \frac{\alpha_3 r_3 - \alpha_2 r_2}{K_3 - K_2} - 1 & \frac{\alpha_3 r_3 - \alpha_4 r_4}{K_3 - K_4} - 1 \end{vmatrix} \quad (3.34)$$

$$\text{mit } P_K = (K_1 - K_2)(K_3 - K_2)(K_1 - K_4)(K_3 - K_4). \quad (3.35)$$

Auch wenn die (5×5)-Determinante durch geschickte Umformung auf eine (2×2)-Determinante zurückgeführt werden kann[9], so ändert sich das zu untersuchende Polynom nicht. Der Vorfaktor P_K ist für reelle, imaginäre und eine komplexe Vierergruppe reell, d.h. Real- bzw. Imaginärteil beider Determinanten verschwinden auf identischen Kurven. Im Fall gemischter K_j (zwei reelle und zwei imaginäre) ist P_K komplex, d.h. die Kurven, auf denen Real- und Imaginärteil verschwinden sind unterschiedlich, etwaige Schnittpunkte sind allerdings identisch.

Insbesondere die Tatsachen, dass Produkte von r_j auftreten und die Anzahl der Summanden einer Determinante mit ihrer Dimension recht schnell wächst, erschweren analytische Untersuchungen zu den Nullstellen. Dass es nun insgesamt vier mögliche Fälle gibt, die K_j so zu wählen, dass die Raumzeit die geforderten Symmetrien aufweist, macht die Untersuchung noch umfangreicher. Daher werden hier nur die Eigenschaften der Paramter bestimmt und anschließend die Kurven skizziert, auf denen Real- bzw. Imaginärteil verschwinden.

Zwei Paare reeller K_j

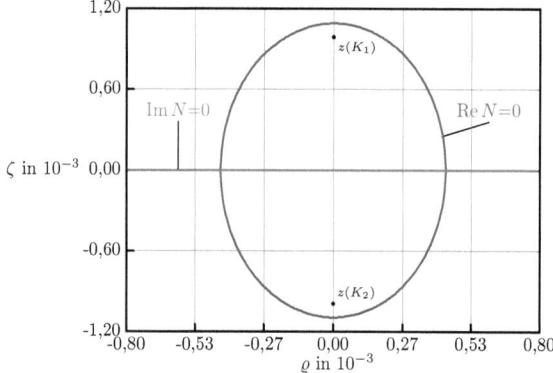

Abbildung 3.2: Der geometrische Ort aller Punkte, an denen der Real- bzw. Imaginärteil der Nennerdeterminante (3.34) verschwindet, sowie die kritischen Stellen $z(K_j)$, wobei hier $z(K_{3/4})$ außerhalb des dargestellten Bereichs liegen.

---

[9]Jede $((2n+1) \times (2n+1))$-Determinante der Form $\mathfrak{B}_2^\pm$ lässt sich in eine $(n \times n)$-Determinante umformen.

Sei $K_1 = d_1$ und $\alpha_1 = g_1 + \mathrm{i} h_1$ mit $d_1, g_1, h_1 \in \mathbb{R}$. Aufgrund der Äquatorsymmetrie muss $K_2 = -\bar{K}_1 = -d_1$ und $\alpha_2 = -\bar{\alpha}_1 = -g_1 + \mathrm{i} h_1$ gelten. Sei weiterhin $K_3 = d_3$ und $\alpha_3 = g_3 + \mathrm{i} h_3$ mit $d_3, g_3, h_3 \in \mathbb{R}$, so existiert auch $K_4 = -\bar{K}_3 = -d_3$ und $\alpha_4 = -\bar{\alpha}_3 = -g_3 + \mathrm{i} h_3$.

Für reelle K_j werden auch die zugehörigen $r_j = \sqrt{\varrho^2 + (\zeta - K_j)^2}$ reell. Man kann sich verhältnismäßig leicht klarmachen, dass der Imaginärteil auf der Geraden $\zeta = 0$ verschwindet. Dort werden $r_1 = r_2$ und $r_3 = r_4$, womit in der Hauptdiagonalen der zweiten Determinante in Gleichung (3.34) nur reelle Größen stehen und die Elemente der Nebendiagonale zueinander komplex konjugiert sind. Somit ist die Determinante reellwertig und der Imaginärteil identisch Null.

Auch wenn der Realteil auf einer scheinbar einfachen geometrischen Figur verschwindet, ist es bisher nicht gelungen, diese zu identifizieren.

Zwei Paare imaginärer K_j

Sei $K_1 = \mathrm{i} e_1$ und $\alpha_1 = \mathrm{i} h_1$ mit $e_1, h_1 \in \mathbb{R}$. Aufgrund der Bedingung an die BÄCKLUND-Parameter muss $K_2 = \bar{K}_1 = -\mathrm{i} e_1$ und $\alpha_2 = 1/\bar{\alpha}_1 = \mathrm{i}/h_1$ gelten. Sei weiterhin $K_3 = \mathrm{i} e_3$ und $\alpha_3 = \mathrm{i} h_3$ mit $e_3, h_3 \in \mathbb{R}$, so existiert auch $K_4 = \bar{K}_3 = -\mathrm{i} e_3$ und $\alpha_4 = 1/\bar{\alpha}_3 = \mathrm{i}/h_3$.

Durch die imaginären K_j sind die Radikanden der r_j komplex, was dazu führt, dass auch die r_j komplex werden. Anhand der Gleichung (3.30) kann man nachvollziehen, dass $r_1 = \bar{r}_2$ bzw. $r_3 = \bar{r}_4$ gilt. Hier kann man auch relativ einfach nachvoll-

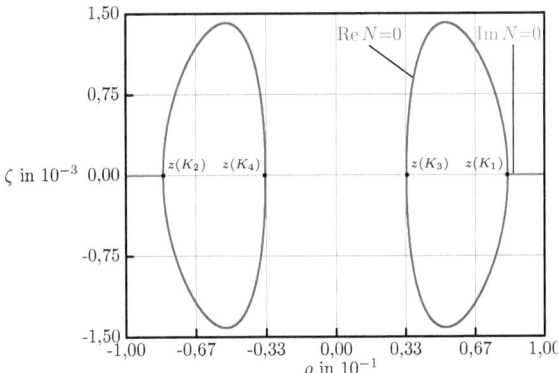

Abbildung 3.3: Der geometrische Ort aller Punkte, an denen der Real- bzw. Imaginärteil der Nennerdeterminante (3.34) verschwindet, sowie die kritischen Stellen $z(K_j)$.

ziehen, auf welcher Figur der Imaginärteil verschwindet. Setzt man die K_j, α_j und r_j in die letzte Determinante ein, stellt man fest, dass eine Situation wie im vorigen Kapitel nicht auftreten kann. Die einfachste Möglichkeit eine rein reellwertige Determinante zu erhalten ist, wenn die Imaginärteile der r_j verschwinden. Dies ist jeweils auf stückweisen Geraden der Fall, so dass der Imaginärteil der Determinante auf der Geraden $h : \{\varrho \in \mathbb{R} \setminus (-e_j, e_j), \zeta = 0\}$ mit $e_j = \max(e_1, e_2)$ verschwindet.

Auf welcher Figur der Realteil verschwindet, konnte bislang nicht analytisch beschrieben werden. Allerdings scheint es stets so zu sein, dass die kritischen Stellen $z(K_j)$ innerhalb dieser Figur liegen, so dass es immer zwei Punkte gibt, an denen Real- und Imaginärteil verschwinden. Diese Schnittpunkte befinden sich in unmittelbarer Nähe von $z(K_j)$.

Ein Paar reeller und ein Paar imaginärer K_j

Sei $K_1 = d_1$ und $\alpha_1 = g_1 + \mathrm{i}h_1$ mit $d_1, g_1, h_1 \in \mathbb{R}$. Aufgrund der Äquatorsymmetrie muss $K_2 = -\bar{K}_1 = -d_1$ und $\alpha_2 = -\bar{\alpha}_1 = -g_1 + \mathrm{i}h_1$ gelten. Sei weiterhin $K_3 = \mathrm{i}e_3$ und $\alpha_3 = \mathrm{i}h_3$ mit $e_3, h_3 \in \mathbb{R}$, so ist wegen der Bedingung an die BÄCKLUND-Parameter $K_4 = \bar{K}_3 = -\mathrm{i}e_3$ und $\alpha_4 = 1/\bar{\alpha}_3 = \mathrm{i}/h_3$.

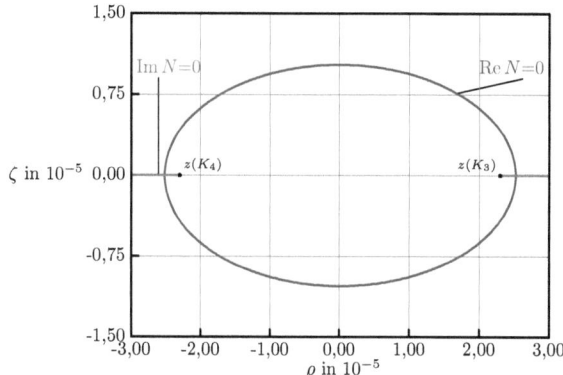

Abbildung 3.4: Der geometrische Ort aller Punkte, an denen der Real- bzw. Imaginärteil der Nennerdeterminante (3.34) verschwindet, sowie die kritischen Stellen $z(K_j)$, wobei hier $z(K_{1/2})$ außerhalb des dargestellten Bereichs liegen.

Eine Vierergruppe komplexer K_j

Sei $K_1 = d_1 + ie_1$ mit und $\alpha_1 = g_1 + ih_1$ mit $d_1, e_1, g_1, h_1 \in \mathbb{R}$. Aufgrund der Äquatorsymmetrie muss $K_2 = -\bar{K}_1 = -d_1 + ie_1$ und $\alpha_2 = -\bar{\alpha}_1 = -g_1 + ih_1$ gelten. Wegen der Bedingung an die BÄCKLUND-Parameter muss es ein $K_3 = \bar{K}_1 = d_1 - ie_1$ und $\alpha_3 = 1/\bar{\alpha}_1 = 1/(g_1 - ih_1)$ geben. Kombiniert man beide Bedingungen muss außerdem noch ein $K_4 = -K_1 = -d_1 - ie_1$ mit $\alpha_4 = -1/\alpha_1 = -1/(g_1 + ih_1)$ existieren. Setzt man die α_j und die K_j in die Determinante ein, so erkennt man,

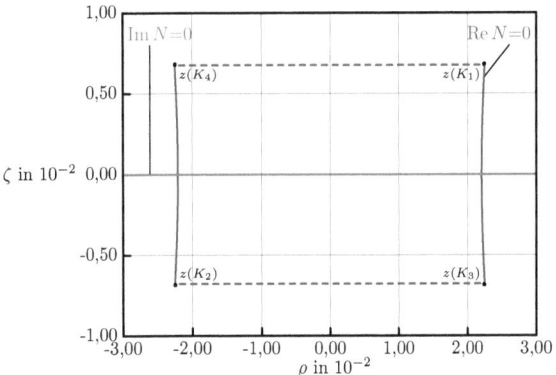

Abbildung 3.5: Der geometrische Ort aller Punkte, an denen der Real- bzw. Imaginärteil der Nennerdeterminante (3.34) verschwindet, sowie die kritischen Stellen $z(K_j)$. Auf der gestrichelten Linie macht der Realteil wegen (3.30) einen Sprung.

dass für $r_2 = \bar{r}_1 = r_3$ bzw. $r_4 = r_1$ die Elemente der Hauptdiagonalen reell und die Nebendiagonalelemente zueinander komplex konjugiert sind. Da dies für $\zeta = 0$ der Fall ist, verschwindet dort der Imaginärteil der Determinante.

Für $n > 2$ wird die Untersuchung noch komplizierter und Real- bzw. Imaginärteil der Determinanten verschwinden auf Kurven höherer Ordnung. Ein Sachverhalt wurde dabei immer wieder beobachtet: die Nullstellen der Nennerdeterminanten haben etwa den selben Abstand vom Koordinatenursprung wie die kritischen Stellen $z(K_j)$. Das kann bspw. wie in Abbildung 3.3 oder 3.4 einen kleinen relativen Abstand bedeuten, aber auch wie in Abbildung 3.5 die näherungsweise Übereinstimmung einer Koordinate. Interessiert man sich für die genaue Lage der Nullstellen, ist eine numerische Nullstellensuche notwendig.

Kapitel 4

Ergebnisse

In diesem Kapitel wird der Algorithmus zur Approximation des Außenfeldes rotierender Neutronensterne mit exakten Lösungen der EINSTEIN'schen Feldgleichungen angewendet. Dabei werden zunächst die metrischen Funktionen der analytischen Approximation mit denen numerischer Berechnungen verglichen und Aussagen zur Genauigkeit getroffen. Anschließend wird die Oberfläche des Neutronensterns diskutiert und damit der Gültigkeitsbereich der approximierten Funktionen festgelegt. Nachdem dann das Konvergenzverhalten der Approximation untersucht wurde, folgt ein Vergleich physikalischer Eigenschaften des Neutronensterns. Die meisten Ergebnisse wurden vor Kurzem in [TFM11] veröffentlicht.

4.1 Ein homogener Neutronenstern

Zur numerischen Berechnung eines Neutronensterns muss zuerst eine Zustandsgleichung gewählt werden, die den Zusammenhang zwischen Druck p und Energiedichte μ beschreibt. Da die genaue Zusammensetzung eines Neutronensterns unbekannt ist (vgl. [ST83]), betrachtet man an dieser Stelle eine Modell-Zustandsgleichung, so dass die gesuchte Funktion $\mu(p)$ möglichst einfach ist. Für die vorliegende Arbeit ist sie sowieso nur für die numerische Berechnung relevant, da die Approximation von ihr nicht abhängt. Um dies zu verdeutlichen, werden im Folgenden Neutronensterne mit unterschiedlichen Modell-Zustandsgleichungen numerisch berechnet und approximiert.

Die numerischen Berechnungen erfolgten mit dem, in dieser Arbeitsgruppe entwickelten, AKM-Programm (s. [AKM03]). Dieses wurde um einige Funktionen erweitert[1], so dass inzwischen direkt nach der numerischen Berechnung des Sterns ein zugehöriges Achsenpotential und die BÄCKLUND-Parameter berechnet werden.

4.1.1 Vergleich der metrischen Funktionen

Als erstes Beispiel wird folgende Konfiguration betrachtet: der Neutronenstern sei komplett aus Materie konstanter Energiedichte aufgebaut, habe ein Radienverhältnis von Polar- zu Äquatorradius von $r_\mathrm{p}/r_\mathrm{e} = 0.7$ (dieses wird zu Vergleichszwecken immer in LEWIS-PAPAPETROU-Koordinaten angegeben) und der Zentraldruck des Sterns sei $p_\mathrm{c} = 1$.

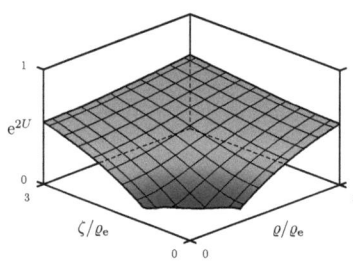

(a) Der Verlauf von e^{2U} für $\varrho = 0\ldots 3\varrho_\mathrm{e}$ und $\zeta = 0\ldots 3\varrho_\mathrm{e}$.

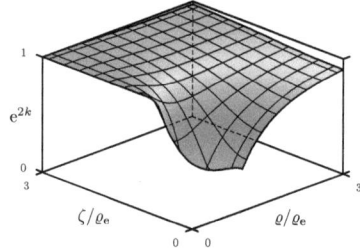

(b) Der Verlauf von e^{2k} für $\varrho = 0\ldots 3\varrho_\mathrm{e}$ und $\zeta = 0\ldots 3\varrho_\mathrm{e}$.

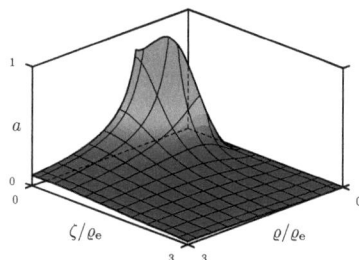

(c) Der Verlauf von a für $\varrho = 0\ldots 3\varrho_\mathrm{e}$ und $\zeta = 0\ldots 3\varrho_\mathrm{e}$.

Abbildung 4.1: Dreidimensionale Darstellung der metrischen Funktionen in der Nähe der Sternoberfläche.

Um einen ersten Eindruck über den Verlauf der metrischen Funktionen zu be-

---

[1]Da im AKM-Programm LEWIS-PAPAPETROU-Koordinaten verwendet werden, mussten die Koordinaten, wie in Kapitel 2.1.1 beschrieben, umgerechnet werden.

kommen, wurden diese in Abbildung 4.1 dreidimensional dargestellt. Diese Form der Darstellung eignet sich, um bspw. das asymptotische Verhalten einschätzen zu können oder zu beurteilen, welchen Wertebereich die metrischen Funktionen haben.

In diese Abbildungen könnte man neben dem numerischen Verlauf auch die ($n = 1$)-BÄCKLUND-Lösung einzeichnen und würde kaum erkennen, dass es sich um zwei Flächen handelt. Um über die Güte der Approximation etwas aussagen zu können, lohnt es sich, die Funktionen in der Äquatorebene zu betrachten. Die Untersuchung zahlreicher Sterne hat gezeigt, dass die relative Abweichung dort am größten ist. Dies ist auch leicht nachvollziehbar, wird der gesamte Außenraum doch aus Daten auf der Rotationsachse konstruiert.

Für quantitative Aussagen zur Genauigkeit der Approximation sind nun in Abbildung 4.2 neben dem Verlauf von $e^{2U}(\varrho, \zeta = 0)$ die relativen Fehler der $2n$-fachen BÄCKLUND-Lösungen ($n = 1, 2, 3, 4$) zur numerischen eingezeichnet.

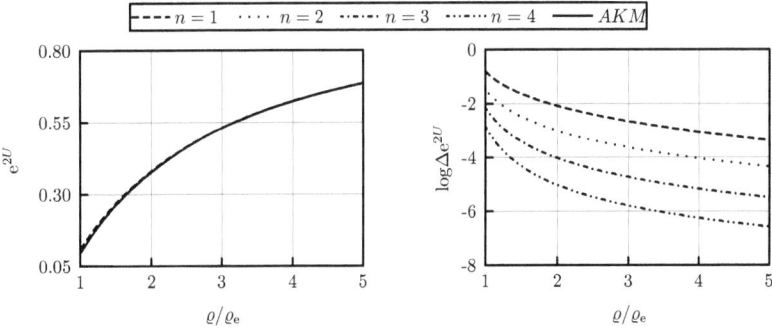

(a) Verlauf der metrischen Funktion e^{2U} für $\varrho = \varrho_e \ldots 5\varrho_e$.

(b) Verlauf des relativen Fehlers von e^{2U} für $\varrho = \varrho_e \ldots 5\varrho_e$.

Abbildung 4.2: Darstellung der metrischen Funktion e^{2U} und des relativen Fehlers zur $2n$-fachen BÄCKLUND-Lösung in der Äquatorebene nahe der Sternoberfläche.

Man erkennt sehr gut, dass der relative Fehler an der Sternoberfläche am größten ist und mit zunehmendem Abstand rasch fällt. Zudem wird durch die Hinzunahme von zwei weiteren Parametern, d.h. von der ($n = j$)- zur ($n = j + 1$)-BÄCKLUND-Lösung, etwa eine Größenordnung an Genauigkeit gewonnen.

In diesem Beispiel wurde das für die Approximation notwendige Achsenpotential aus numerischen Daten auf der Achse bei festgehaltener Masse und Drehimpuls berechnet. Für die ($n = 1$)-BÄCKLUND-Lösung sind damit bereits alle BÄCKLUND-Parameter fixiert und es kann keine zusätzliche Stützstelle gewählt werden. In der folgenden Tabelle sind für das hier präsentierte Beispiel die Koeffizienten des Achsenpotentials, die BÄCKLUND-Parameter sowie die Lage der zusätzlichen Stützstellen aufgeführt, um das Ergebnis reproduzieren zu können. Angegeben sind jeweils nur die unabhängigen Größen, da die anderen über die aus Kapitel 2.2.3 bekannten Beziehungen daraus berechnet werden können (bspw. aus den Koeffizienten b_j können durch (3.12) die c_j bestimmt werden).

Tabelle 4.1: Tabelle der Parameter zur Konstruktion einer $2n$-fachen BÄCKLUND-Lösung zur numerischen Außenlösung des angegebenen Neutronensterns.

Approximation	Koeffizienten	BÄCKLUND-Parameter	Stützstelle
$n=1$	$b_1 = -0.136 - 0.104\mathrm{i}$	$K_1 = 0.0879$	
		$\alpha_1 = -0.647 - 0.762\mathrm{i}$	
$n=2$	$b_2 = -0.136 - 0.115\mathrm{i}$	$K_1 = 0.0764$	$\zeta = 0.132$
		$\alpha_1 = -0.406 - 0.914\mathrm{i}$	
	$b_1 = (-0.139 + 1.62\mathrm{i}) \cdot 10^{-3}$	$K_3 = 0.0211\mathrm{i}$	
		$\alpha_3 = -2.42\mathrm{i}$	
$n=3$	$b_3 = -0.136 - 0.113\mathrm{i}$	$K_1 = 0.0555\mathrm{i}$	$\zeta = 0.194$
		$\alpha_1 = -2.33\mathrm{i}$	
	$b_2 = (2.03 + 1.33\mathrm{i}) \cdot 10^{-3}$	$K_3 = 0.0780$	
		$\alpha_3 = -0.505 - 0.863\mathrm{i}$	
	$b_1 = (-2.49 - 1.86\mathrm{i}) \cdot 10^{-4}$	$K_5 = 0.0382\mathrm{i}$	
		$\alpha_5 = -0.0382\mathrm{i}$	
$n=4$	$b_4 = -0.136 - 0.124\mathrm{i}$	$K_1 = 0.0777$	$\zeta = 0.149$
		$\alpha_1 = -0.296 - 0.955\mathrm{i}$	
	$b_3 = (3.43 + 2.78\mathrm{i}) \cdot 10^{-3}$	$K_3 = -0.0173$	
		$\alpha_3 = -0.315\mathrm{i}$	
	$b_2 = (-5.89 - 5.07\mathrm{i}) \cdot 10^{-4}$	$K_5 = -0.0756\mathrm{i}$	
		$\alpha_5 = -0.194\mathrm{i}$	
	$b_1 = (-2.35 - 6.71\mathrm{i}) \cdot 10^{-6}$	$K_7 = 0.0618\mathrm{i}$	
		$\alpha_7 = -0.362\mathrm{i}$	

Man erkennt auch gut, dass die Masse $M = 0.136$ stets der negative Realteil des Koeffizienten vor der zweithöchsten ζ-Potenz ist (vgl. (3.15)). Zudem wurde mit dem Polarradius $\zeta = 0.132 = \zeta_\mathrm{p}$ die erste Stützstelle für $n = 2$ gewählt, weil für $n = 1$ die relative Abweichung dort am größten war. Auch für $n = 3$ und $n = 4$ liegen die Stützstellen nahe des Nordpols.

In Abbildung 4.3 sind auch die anderen beiden metrischen Funktionen und die relative Abweichung der approximierten zur numerischen Lösung angegeben.

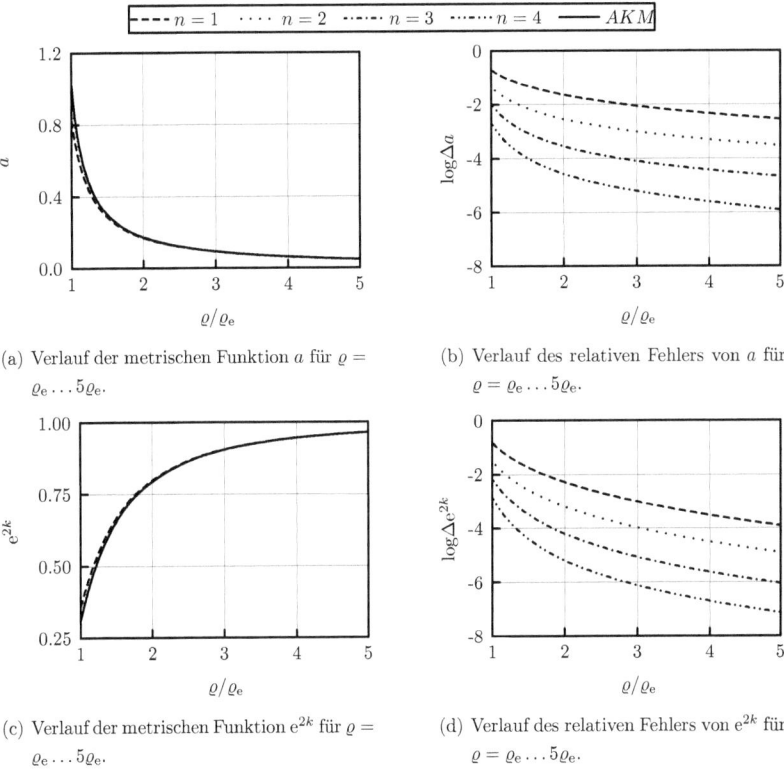

(a) Verlauf der metrischen Funktion a für $\varrho = \varrho_\mathrm{e} \ldots 5\varrho_\mathrm{e}$.

(b) Verlauf des relativen Fehlers von a für $\varrho = \varrho_\mathrm{e} \ldots 5\varrho_\mathrm{e}$.

(c) Verlauf der metrischen Funktion e^{2k} für $\varrho = \varrho_\mathrm{e} \ldots 5\varrho_\mathrm{e}$.

(d) Verlauf des relativen Fehlers von e^{2k} für $\varrho = \varrho_\mathrm{e} \ldots 5\varrho_\mathrm{e}$.

Abbildung 4.3: Darstellung der metrischen Funktionen a bzw. e^{2k} und des relativen Fehlers zur $2n$-fachen BÄCKLUND-Lösung in der Äquatorebene nahe der Sternoberfläche.

Auch hier erkennt man wieder, dass der relative Fehler mit zunehmendem Abstand von der Oberfläche abnimmt und insgesamt durch die Hinzunahme von zwei weiteren Parametern etwa eine Größenordnung kleiner wird.

Um nun die Abhängigkeit der erreichbaren Genauigkeit von der Konstruktion des Achsenpotentials zu demonstrieren, wurden für diesen Stern die drei Möglichkeiten aus Kapitel 3.2 angewandt. Dabei soll

- „multi" die Konstruktion aus den m_j,

- „fit" die Konstruktion ausschließlich aus numerischen Werten auf der Rotationsachse und

- „fitmulti" die Kombination bezeichnen, bei der zu den numerischen Achsendaten die Masse M und der Drehimpuls J festgehalten werden.

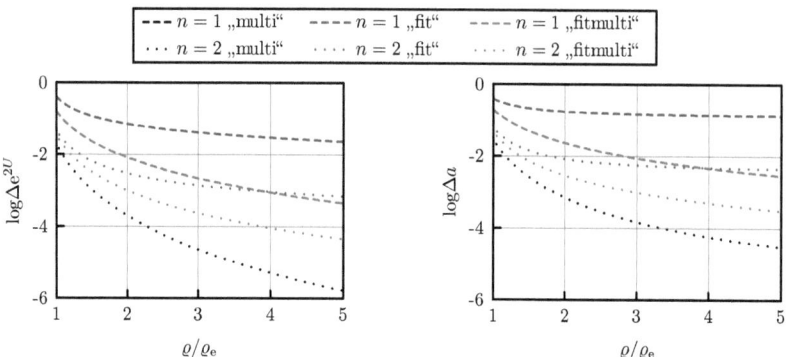

(a) Verlauf des relativen Fehlers von e^{2U} für $\varrho = \varrho_e \ldots 5\varrho_e$.

(b) Verlauf des relativen Fehlers von a für $\varrho = \varrho_e \ldots 5\varrho_e$.

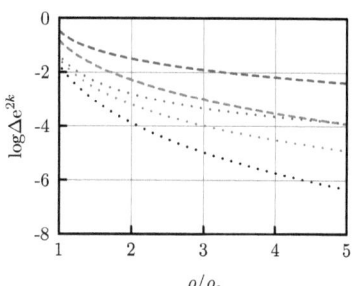

(c) Verlauf des relativen Fehlers von e^{2k} für $\varrho = \varrho_e \ldots 5\varrho_e$.

Abbildung 4.4: Darstellung des relativen Fehlers der $2n$-fachen BÄCKLUND-Lösung in der Äquatorebene nahe der Sternoberfläche für verschiedene Konstruktionsmethoden des Achsenpotentials.

Dass dabei für $n = 1$ die Approximationen „multi" und „fitmulti" zusammenfallen, liegt auf der Hand. Da hier ein sehr relativistischer Neutronenstern betrachtet wird (vgl. Tabelle 4.2), liegen für $n > 2$ bei Konstruktion aus den m_j bereits kritische

Stellen außerhalb des Sterns, was zum Verwerfen der entsprechenden Lösung führt. Deshalb sind in Abbildung 4.4 nur für $n = 1$ und $n = 2$ die relativen Fehler der jeweiligen analytischen metrischen Funktion zur numerischen Lösung dargestellt.

Man erkennt sehr gut, dass die Konstruktion aus den m_j bzw. den Multipolmomenten des Neutronensterns für eine vorgegebene Anzahl an Parametern die beste Approximation sogar bis zur Sternoberfläche liefert. Weiterhin ist zu sehen, dass die „fit"-Approximation die größte Abweichung an der Sternoberfläche aufweist und mit zunehmendem Abstand von dieser am schlechtesten konvergiert. Folgerichtig bietet die Kombination beider Methoden eine Approximation, deren Genauigkeit zwischen den beiden liegt. Der entscheidende Vorteil dieser „fitmulti"-Methode ist jedoch, dass durch die Hinzunahme von Stützstellen in der Nähe des Nordpols die auftretenden Singularitäten in der Regel innerhalb des Sterns bleiben, wodurch eine Approximation mit mehreren Parametern möglich wird.

4.1.2 Die Oberfläche eines Neutronensterns

Bevor in diesem Kapitel etwas über den Gültigkeitsbereich der analytischen $2n$-fachen BÄCKLUND-Lösungen gesagt wird, soll die Oberfläche eines Neutronensterns diskutiert werden. Diese ist als Grenze zwischen Außen- und Innenlösung eines Sterns im Rahmen dieser Arbeit besonders wichtig, da sie nicht nur darüber Auskunft gibt, wo die analytische Lösung gültig ist, sondern auch ob sie überhaupt als Approximation in Frage kommt (vgl. Kapitel 3.4).

Da bei der numerischen Berechnung eines Neutronensterns als freies Randwertproblem die Oberfläche stets ausgerechnet wird, ist bisher immer diese numerische Grenze angenommen worden. Diese Herangehensweise hat allerdings einen technischen und einen physikalischen Nachteil:

- Um über die numerisch berechnete Oberflächenfunktion $\zeta_S(\varrho)$ beurteilen zu können, wo die analytische Lösung gültig ist, muss eine ganze Funktion bereitgestellt werden. Dies steht im Widerspruch zum eigentlichen Vorhaben (der Approximation einer numerischen Außenlösung mit wenigen Parametern), wenn die Beschreibung des Gültigkeitsbereiches mehr Parameter benötigt, als die Lösung selbst.

- Ein echtes physikalisches Problem ist die Konstanz eines Potentials auf der Oberfläche, welches im Folgenden diskutiert werden soll.

Aus einfachen thermodynamischen Relationen bei verschwindender Temperatur und der Divergenzfreiheit des Energie-Impuls-Tensors lässt sich die Gleichung

$$h(p)e^V = h(0)e^{V_0} = \text{const.} \tag{4.1}$$

herleiten (s. [MAK+08]). Hierbei ist h die spezifische Enthalpie (für normale baryonische Materie gilt $h(0) = 1$) und e^{2V} kann als metrisches Potential $e^{2U'}$ im mit der Winkelgeschwindigkeit Ω mitrotierenden Bezugssystem, identifiziert werden, d.h.

$$e^{2V} \equiv e^{2U'} = e^{2U}\left[(1+\Omega a)^2 - \Omega^2 \varrho^2 e^{-4U}\right]. \tag{4.2}$$

Gleichung (4.1) besagt dann, dass die Flächen konstanten Druckes p mit den Flächen konstanten e^{2V} übereinstimmen. Insbesondere ist die Oberfläche eines Flüssigkeitskörpers (und als solcher wird ein Neutronenstern modelliert) durch $p = 0$ definiert, so dass

$$e^{2V} = e^{2V_0} = \text{const.} \tag{4.3}$$

entlang der Oberfläche gilt. Um also Aussagen über die Oberfläche treffen zu können, benötigt man das Potential e^{2V}, d.h. bei Kenntnis der metrischen Funktionen e^{2U} und a fehlt noch die Winkelgeschwindigkeit Ω.

Die einfachste Möglichkeit ist nun, das numerisch berechnete Ω vorzugeben und das mitrotierende Potential e^{2V} zu berechnen. In Abbildung 4.5 ist das so konstruierte e^{2V} entlang der Oberfläche $\zeta_S(\varrho)$ aufgetragen und man erkennt, dass es nicht konstant ist.

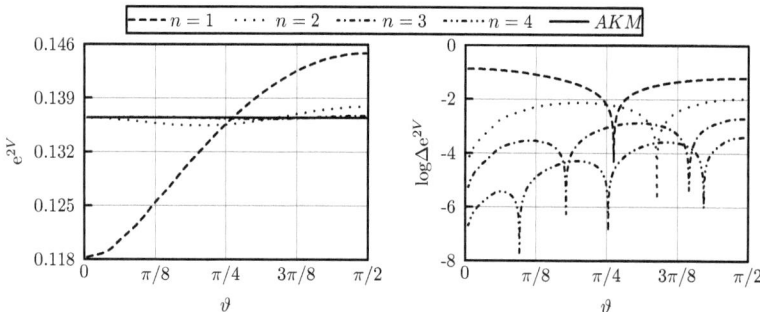

Abbildung 4.5: Potential e^{2V} und relativer Fehler als Funktion von $\vartheta := \arctan(\varrho/\zeta)$ entlang der Oberfläche $\zeta_S(\varrho)$. Ω wurde hier aus den numerischen Berechnungen übernommen

Der Wert von e^{2V_0} stimmt für $n > 1$ am Nordpol des Neutronensterns mit dem numerischen Wert überein. Dies liegt zum einen daran, dass das mitrotierende Potential $e^{2U'}$ dort mit e^{2U} übereinstimmt:

$$e^{2V_0} = e^{2U'}(\varrho = 0, \zeta = \zeta_p) = e^{2U}(\varrho = 0, \zeta = \zeta_p)$$

und im dargestellten Fall die erste Stützstelle am Nordpol gewählt wurde, wodurch der numerische und der analytische Wert dort nach Konstruktion identisch sind. In der Darstellung des relativen Fehlers ist an den Peaks erkennbar, dass an zusätzlichen Stellen entlang der Oberfläche $e^{2V} = e^{2V_0}$ gilt.

Möchte man Ω nicht direkt vorgeben, besteht die Möglichkeit, um die Gleichheit von e^{2V_0} am Nordpol und Äquator zu sichern, ϱ_e vorzugeben[2] und Ω gemäß

$$e^{2V_0} = e^{2U}\left[(1+\Omega a)^2 - \Omega^2 \varrho^2 e^{-4U}\right]\Big|_{\text{Äquator}} \tag{4.4}$$

zu berechnen. In der Regel hat man nach der Lösung dieser quadratischen Gleichung zwei Lösungen für Ω, wobei nur eine positiv ist und dem numerischen Wert sehr nahe kommt (vgl. die so berechneten Ω-Werte in Tabelle 4.2).

Damit kann man nun das Potential e^{2V} berechnen und in Abbildung 4.6 ist der Verlauf entlang der Oberfläche zu erkennen.

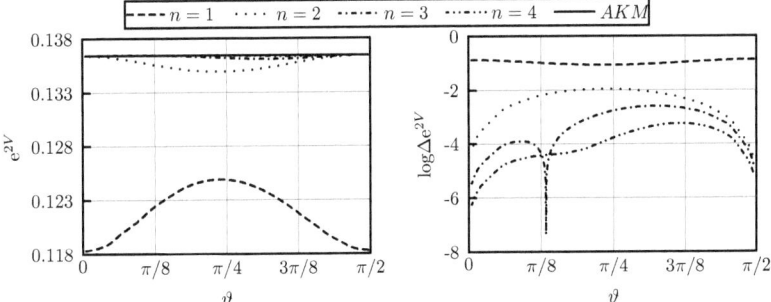

Abbildung 4.6: Potential e^{2V} und relativer Fehler als Funktion von $\vartheta := \arctan(\varrho/\zeta)$ entlang der Oberfläche $\zeta_S(\varrho)$. Ω wurde hier nach (4.4) berechnet.

Bisher wurden die zu Beginn des Kapitels beschriebenen zwei Probleme nur veranschaulicht. Allerdings bietet das Potential e^{2V} nun eine alternative Definition einer Oberfläche, so dass es entlang dieser konstant ist und zusätzlich keine Oberflächenfunktion $\zeta_S(\varrho)$ benötigt wird. Man betrachte nun als Oberfläche des Neutronensterns die Kurve, auf der $e^{2U'}(\varrho,\zeta) = e^{2V_0}$ gilt, d.h. man sucht die Schnittkurve des mitrotierenden Potentials $e^{2U'}$ mit der Ebene $e^{2V_0} = $ const. In der folgenden Abbildung ist nun diese Schnittfigur dargestellt und es ist zu erkennen, dass sie sehr gut mit der numerischen Oberflächenfunktion übereinstimmt. Die Übereinstimmung am Äquator resultiert dabei aus dem nach (4.4) berechneten Ω.

---

[2] Die Vorgabe von ζ_p und ϱ_e ist auch sinnvoll, weil sie zur Berechnung der physikalischen Größen in Kapitel 4.1.3 notwendig sind.

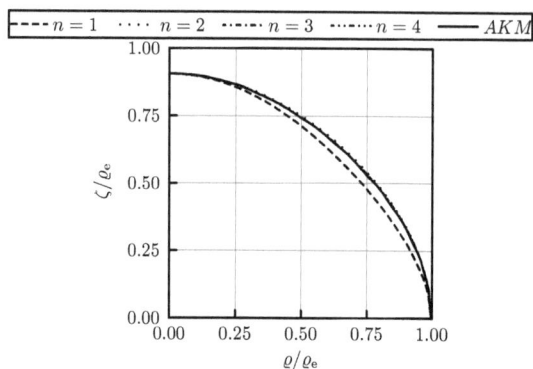

Abbildung 4.7: Schnittkurve $e^{2V}(\varrho,\zeta) = e^{2V_0}$ im Vergleich mit der numerischen Oberflächenfunktion $\zeta_S(\varrho)$. Ω wurde hier nach (4.4) berechnet.

An dieser Stelle erkennt man, dass der Neutronenstern, welcher ein Radienverhältnis von 0.7 (in den in [AKM03] verwendeten Koordinaten) hat, in WEYL-Koordinaten etwa ein Verhältnis von Polar- zu Äquatorradius von 0.9 besitzt. Um diesen Sachverhalt noch etwas zu verdeutlichen, ist in Abbildung 4.8 die Oberfläche des Neutronensterns in LEWIS-PAPAPETROU- und WEYL-Koordinaten dargestellt. Außerdem bildet ein kugelsymmetrischer Stern in WEYL-Koordinaten ein prolates Ellipsoid und der Horizont eines KERR-Schwarzen-Lochs entspricht einem Stück auf der ζ-Achse.

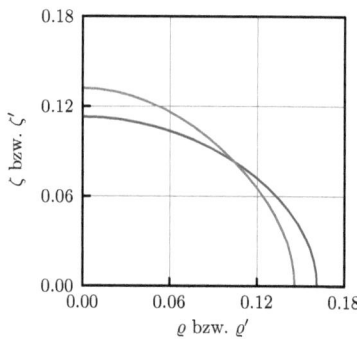

Abbildung 4.8: Darstellung der Sternoberfläche in LEWIS-PAPAPETROU- (dunkelgrau) und WEYL-Koordinaten (hellgrau).

Nachdem nun klar definiert ist, was der Gültigkeitsbereich der Approximation sein soll, kann man untersuchen, ob die in Kapitel 3.4 diskutierten kritischen Stellen alle außerhalb dieses Bereichs liegen. In der folgenden Abbildung sind für diesen Neutronenstern die kritischen Stellen und Singularitäten dargestellt.

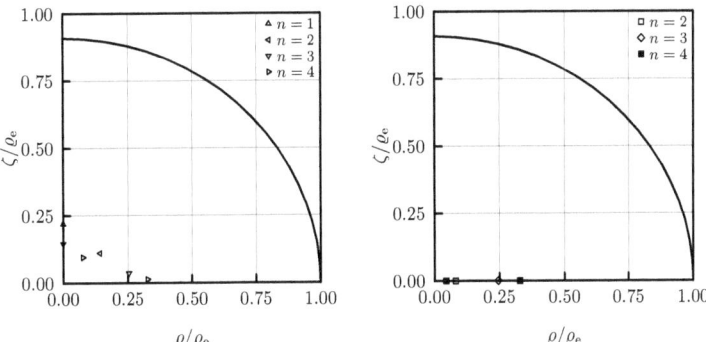

Abbildung 4.9: Kritische Stellen (links) und Singularitäten (rechts) der $2n$-fachen BÄCKLUND-Lösungen.

Alle potentiell problematischen Stellen liegen im Inneren des Sterns (dabei ist egal, welche der dargelegten Definitionen der Sternoberfläche benutzt wird).

Ein anderer wichtiger Punkt bei der Untersuchung von Approximationen, ist das Konvergenzverhalten. Da bei der „multi"-Konstruktionsmethode die zur Konstruktion verwendeten Multipolmomente oder m_j der analytischen und numerischen Lösung übereinstimmen, ist eine gute Konvergenz Bestandteil der Methode.[3] Konstruiert man das Achsenpotential aus numerischen Daten auf der Achse, ist die Konvergenz auf der Achse gesichert. In Abbildung 4.10 ist dargestellt, wie die metrische Funktion e^{2U} in der Äquatorebene bei Hinzunahme mehrerer Parameter immer besser beschrieben werden kann. In diesem Fall wurde die „fit"-Methode verwendet, da eine Lösung des nichtlinearen Gleichungssystems der „fitmulti"-Methode, d.h. bei festgehaltenem M und J, für so große n auch mit dem Simplex-Verfahren nicht immer gelungen ist. Diese Abbildung wurde ausschließlich zur Untersuchung der Konvergenz erstellt. Da das Ziel dieser Arbeit eine Approximation eines Neutronensterns mit wenigen Parametern ist, stellt die $(n = 4)$-BÄCKLUND-Lösung in der Regel die Lösung mit den meisten Parametern dar.

---

[3] Auch wenn es sich um eine nichtlineare Theorie handelt, ist die Anzahl übereinstimmender Multipolmomente ein gutes Maß für die Güte der Approximation. Beim Übergang von einer n-fachen zu einer $(n+1)$-fachen BÄCKLUND-Lösung stimmen zwei weitere Multipolmomente überein, weswegen die letztere Lösung eine bessere Approximation der numerischen darstellt.

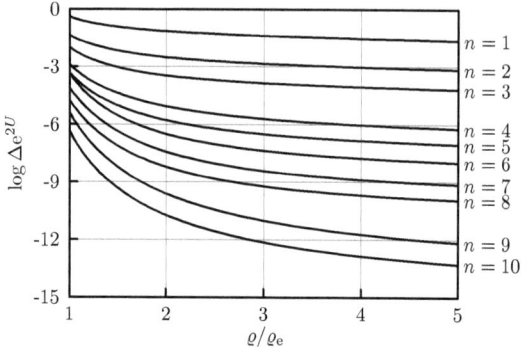

Abbildung 4.10: Relativer Fehler der metrischen Funktion e^{2U} zwischen der $2n$-fachen BÄCKLUND-Lösung und der numerischen zur Darstellung des Konvergenzverhaltens der „fit"-Methode.

Man erkennt in dieser Abbildung sehr gut, dass auch für noch größere n die metrische Funktion besser dargestellt werden kann. Allerdings gilt es zwischen höherer Genauigkeit und den dafür notwendigen Parametern einen guten Mittelweg zu finden. Dieser ist meist bei $n = 3$ oder $n = 4$ erreicht, da dort die größten auftretenden Fehler kleiner als 1 % sind. Bedenkt man die mit der Idealisierung bei der physikalischen Modellierung verbundenen Fehler (Wahl der Zustandsgleichung, Vernachlässigen von Magnetfeldern usw.), so erscheint eine genauere Approximation der numerischen Lösung wenig sinnvoll.

4.1.3 Vergleich physikalischer Eigenschaften

In diesem Kapitel werden für den homogenen Neutronenstern (Radienverhältnis $r_p/r_e = 0.7$, Zentraldruck $p_c = 1$) einige physikalische Größen berechnet, die mit den Werten aus [NSGE98] bzw. [AKM03] verglichen werden können.

Der Zentraldruck p_c und das Radienverhältnis r_p/r_e bestimmen bei vorgegebener Zustandsgleichung in eindeutiger Weise den betrachteten Neutronenstern.[4] Sie sind somit nur für die numerische Berechnung relevant. Die Winkelgeschwindigkeit Ω des Sterns wird, wie in Kapitel 4.1.2 beschrieben, durch Gleichung (4.4) am Äquator bestimmt. Masse M und Drehimpuls J sind die ersten beiden Multipolmomente bzw. m_j, wobei die Masse auch einfach aus (3.15) berechnet werden kann. In diesem Fall sind für M und J keine Fehler angegeben, weil sie nach Konstruktion den

---

[4] Für $r_p/r_e = 1$ bzw. $p_c = 0$ benötigt man ggf. einen weiteren Parameter (vgl. Kapitel 4.4).

numerischen Werten entsprechen.

Tabelle 4.2: Detaillierter Vergleich physikalischer Größen, wobei $p_c = \tilde{p}_c/\mu_0$, $\Omega = \tilde{\Omega}/\mu_0^{1/2}$, $M = \tilde{M}\mu_0^{1/2}$, $R_{\text{circ}} = \tilde{R}_{\text{circ}}\mu_0^{1/2}$ und $J = \tilde{J}\mu_0$ durch die konstante Energiedichte μ_0 normiert sind. In der Spalte „AKM" sind die numerischen Werte dargestellt und in „B[n]" jeweils die der $2n$-fachen BÄCKLUND-Lösung. ΔB[n] bezeichnet die Spalte, in der der relative Fehler zwischen dem jeweiligen analytischen und dem numerischen Wert angegeben ist.

	AKM	B[1]	B[2]	B[3]	B[4]	ΔB[1]	ΔB[2]	ΔB[3]	ΔB[4]
p_c	1.00								
r_p/r_e	0.700								
Ω	1.41	1.58	1.42	1.41	1.41	1.2e-1	7.4e-3	1.4e-3	2.9e-4
M	0.136	0.136	0.136	0.136	0.136				
J	0.0141	0.0141	0.0141	0.0141	0.0141				
R_{circ}	0.345	0.337	0.344	0.345	0.345	2.4e-2	4.6e-3	9.3e-4	1.9e-4
Z_p	1.71	1.91	1.71	1.71	1.71	1.2e-1			
Z_{eq}^{f}	-0.163	-0.295	-0.170	-0.164	-0.163	8.1e-1	4.3e-2	8.5e-3	1.8e-3
Z_{eq}^{b}	11.4	11.7	11.1	11.3	11.3	2.6e-2	2.8e-2	5.7e-3	1.1e-3

Der „wahre Umfangsradius" R_{circ} ist eine gute Vergleichsgröße, da sie nicht mehr vom gewählten Koordinatensystem abhängt. Sie entsteht, wenn man den Umfang des Neutronensterns durch 2π dividiert

$$R_{\text{circ}} = \frac{1}{2\pi}\int_0^{2\pi}\sqrt{g_{\varphi\varphi}(\varrho=\varrho_e,\zeta=0)}\,\mathrm{d}\varphi = \sqrt{\varrho^2 e^{-2U} - a^2 e^{2U}}\Big|_{\text{Äquator}}.$$

Desweiteren ist die relative Gravitationsrotverschiebung eines vom Nordpol des Sterns emittierten Photons (Ereignis E)[5], welche von einem ruhenden Beobachter im Unendlichen gemessen wird (Ereignis B) durch den einfachen Zusammenhang

$$Z_p = \sqrt{\frac{g_{tt}(B)}{g_{tt}(E)}} - 1 = e^{-V_0} - 1$$

gegeben. Für $n > 1$ stimmt das e^{2V_0} der $2n$-fachen BÄCKLUND-Lösung mit dem numerischen Wert (wenigstens am Nordpol, vgl. Kapitel 4.1.2) überein, so dass in

---

[5]Die Komponente des Bahndrehimpulses in Bezug auf die Symmetrieachse $\eta_i p^i$ (mit dem Viererimpuls p^i des Photons) verschwindet für alle vom Pol eines Objekts sphäroidaler Topologie ausgesandten Photonen, weil η auf der Rotationsachse verschwindet.

der Tabelle für die relative Rotverschiebung in diesen Fällen keine Fehler angegeben sind.

In Analogie zu den Verhältnissen für sichtbares Licht, nennt man eine Verkleinerung bzw. Vergrößerung der Frequenz eines Photons Rot- bzw. Blauverschiebung. Da von der Oberfläche startende Photonen das Gravitationsfeld überwinden müssen und dabei Energie verlieren[6], sind diese typischerweise rotverschoben. Licht, welches den Stern etwa am Äquator in Rotationsrichtung verlässt, kann durchaus auch blauverschoben sein (vgl. Z_{eq}^{f} in Tabelle 4.2). Die relative Rotverschiebung am Äquator berechnet sich (vgl. Herleitung in [FIP86]) zu:

$$Z_{\text{eq}}^{\text{f/p}} = \sqrt{\frac{1 \mp v}{1 \pm v}} \frac{\sqrt{\varrho^2 e^{-2U} - a^2 e^{2U}}}{\varrho \pm ae^{2U}}\bigg|_{\text{Äquator}} - 1 \quad \text{mit} \quad v := \Omega \varrho e^{-2U} - (1 + \Omega a)ae^{2U}/\varrho.$$

Beim Vergleichen der Rotverschiebungen am Pol und Äquator mit [NSGE98] sei auch auf Fußnote 5 in [AKM02] verwiesen, wo bereits auf die Fehler in den dort angegebenen Formeln hingewiesen wurde.

4.2 Ein polytroper Neutronenstern

Nachdem ein homogener Neutronenstern ausführlich untersucht wurde, sollen nun die umfangreichen Einsatzmöglichkeiten der Approximationsmethode demonstriert werden. Das AKM-Programm kann Sterne mit verschiedenen Modell-Zustandsgleichungen numerisch berechnen und im Folgenden sollen einige davon approximiert werden, um die Unabhängigkeit des Algorithmus von diesen darzustellen.

In dieser Arbeit soll eine polytrope Zustandsgleichung (vgl. [Too65]) stets mit Polytropenexponent $\Gamma = 2$, d.h.

$$\mu = p + \sqrt{p/K}, \quad \text{mit} \quad K: \text{Polytropenkonstante}$$

betrachtet werden. In [NSGE98] und [AKM03] wurde ein Beispiel mit Energiedichte $\mu_{\text{c}} = 1$ und Radienverhältnis $r_{\text{p}}/r_{\text{e}} = 0.834$ berechnet, so dass zu Vergleichszwecken nun Stern betrachtet werden soll. Hier ist das Achsenpotential aus den m_j konstruiert worden, um weitere Eigenschaften dieser Konstruktionsmethode aufzuzeigen.

---

[6]D.h. gemäß der zeitlichen Komponente der DE-BROGLIE-Beziehung

$$(\mathbf{p}, E) = p^i = \hbar k^i = \hbar (\mathbf{k}, \omega)$$

verringert sich dabei die Frequenz.

Zuerst wurden die metrischen Funktionen berechnet und in Abbildung 4.11 der Verlauf sowie die relative Abweichung von den numerischen Werten in der Äquatorebene dargestellt. Die $(n=4)$-BÄCKLUND-Lösung fehlt, da aufgrund der Konstruktion aus den m_j kritische Punkte außerhalb des Sterns auftauchten. Man erkennt

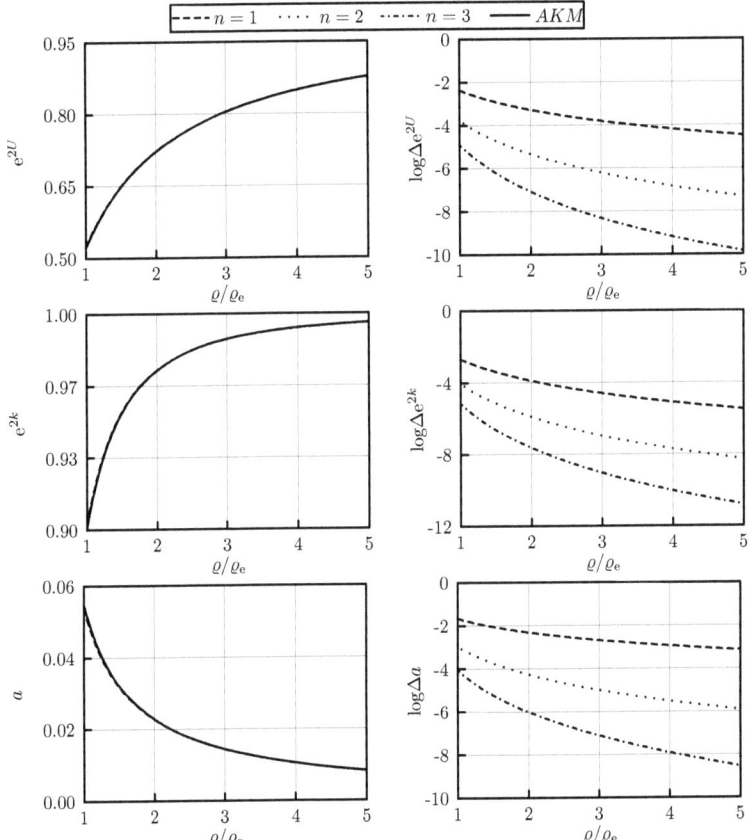

Abbildung 4.11: Metrische Funktionen e^{2U}, e^{2k} bzw. a und relativer Fehler für $\varrho = \varrho_e \ldots 5\varrho_e$ in der Äquatorebene.

auch die gute Konvergenz für große Abstände, welche für diese Konstruktionsmethode nicht unüblich ist. Die gute Übereinstimmung bis hin zur Sternoberfläche liegt in diesem Fall auch daran, dass der Neutronenstern nicht sehr relativistisch ist (im Vergleich zum Stern in Kapitel 4.1 fällt e^{2U} am Äquator nur auf etwa 0.5, während beim vorherigen Beispiel der Wert nur noch knapp positiv war).

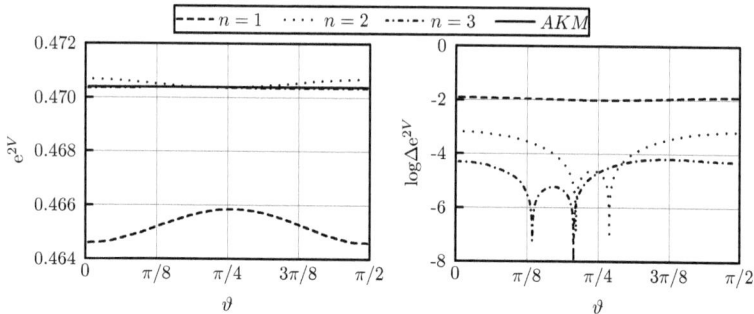

Abbildung 4.12: Potential e^{2V} und relativer Fehler als Funktion von $\vartheta := \arctan(\varrho/\zeta)$ entlang der Oberfläche $\zeta_\mathrm{S}(\varrho)$.

Da diese Approximationen ausschließlich aus dem Verhalten im Fernfeld gewonnen wurden, stellt sich nun die Frage, wie gut die Oberfläche des Neutronensterns beschrieben wird. Dafür ist in Abbildung 4.12 das Potential e^{2V} entlang der numerisch berechneten Sternoberfläche aufgetragen.

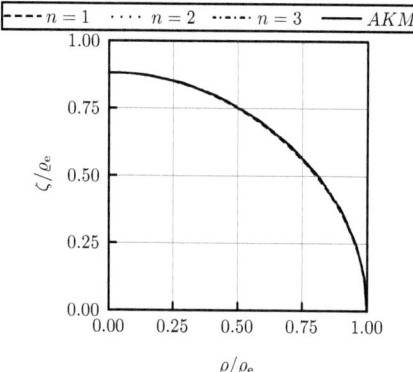

Abbildung 4.13: Schnittkurve $e^{2V}(\varrho,\zeta) = e^{2V_0}$ im Vergleich mit der numerischen Oberflächenfunktion $\zeta_\mathrm{S}(\varrho)$.

Zu sehen ist eine recht gute Approximation von e^{2V}, wobei auch hier wieder durch die Hinzunahme von zwei weiteren Parametern je eine Größenordnung Genauigkeit gewonnen wird. Die Übereinstimmung von e^{2V} am Nordpol $\vartheta = 0$ und Äquator

$\vartheta = \pi/2$ ist ebenso konstruktionsbedingt, wie die Abweichung dieser beiden Werte vom numerischen e^{2V_0} (vgl. weiter unten).

Auch die Definition der Oberfläche als Schnittkurve des analytischen Potentials e^{2V} mit dem numerisch bestimmten Wert e^{2V_0} zeigt in der folgenden Abbildung eine sehr gute Übereinstimmung mit der numerischen Oberflächenfunktion $\zeta_S(\varrho)$.

Abschließend wurden in Tabelle 4.3 einige physikalische Größen berechnet. Da bei der Konstruktion aus den m_j keine Stützstellen gewählt wurden, stimmt e^{2V} am Nordpol nicht mit dem numerischen Wert überein, weswegen auch die relative Rotverschiebung Z_p im Gegensatz zu Tabelle 4.2 jeweils berechnet werden muss und fehlerbehaftet ist.

Tabelle 4.3: Detaillierter Vergleich physikalischer Größen, wobei $\mu_c = \tilde{\mu}_c K$, $\Omega = \tilde{\Omega} K^{1/2}$, $M = \tilde{M}/K^{1/2}$, $R_{\text{circ}} = \tilde{R}_{\text{circ}}/K^{1/2}$ und $J = \tilde{J}/K$ durch die Polytropenkonstante K normiert sind.

	AKM	B[1]	B[2]	B[3]	ΔB[1]	ΔB[2]	ΔB[3]
μ_c	1.00						
r_p/r_e	0.834						
Ω	0.400	0.425	0.400	0.401	6.1e-2	1.8e-3	2.4e-4
M	0.161	0.161	0.161	0.161			
J	9.49e-3	9.49e-3	9.49e-3	9.49e-3			
R_{circ}	0.679	0.678	0.679	0.679	2.1e-3	8.2e-5	5.8e-6
Z_p	0.458	0.467	0.458	0.458	2.0e-2	1.0e-3	8.0e-5
Z_{eq}^f	-0.0601	-0.0845	-0.0594	-0.0602	4.1e-1	1.2e-2	1.6e-3
Z_{eq}^b	1.04	1.09	1.04	1.04	4.4e-2	1.8e-3	1.8e-4

4.3 Ein *strange-quark*-Stern

In diesem Kapitel soll ein linearer Zusammenhang zwischen Energiedichte und Druck den Aufbau des Neutronensterns modellieren. Die zugehörige Modell-Zustandsgleichung wird als „*strange-quark*" bezeichnet und sieht im Rahmen des „MIT-Bag-Modells" (vgl. u.a. [GHL+99]) folgendermaßen aus:

$$\mu = 3p + B, \quad \text{mit} \quad B: \text{„MIT-Bag-Konstante".}$$

Der hier betrachtete Neutronenstern soll einen Zentraldruck von $p_c = 2$ und ein Radienverhältnis von $r_p/r_e = 0.5$ besitzen, damit die in Tabelle 4.4 aufgeführten Werte mit [AKM03] verglichen werden können.

Da für dieses Beispiel das Achsenpotential ausschließlich aus numerischen Funktionswerten auf der Rotationsachse bestimmt wurde, ist in Abbildung 4.14 zu erkennen, dass der Verlauf der metrischen Funktionen für $n = 1$ nicht besonders gut wiedergegeben wird.[7] Zudem ist ersichtlich, dass der relative Fehler mit zunehmendem Abstand von der Sternoberfläche nicht so schnell abfällt, was auch typisch für diese Methode ist.

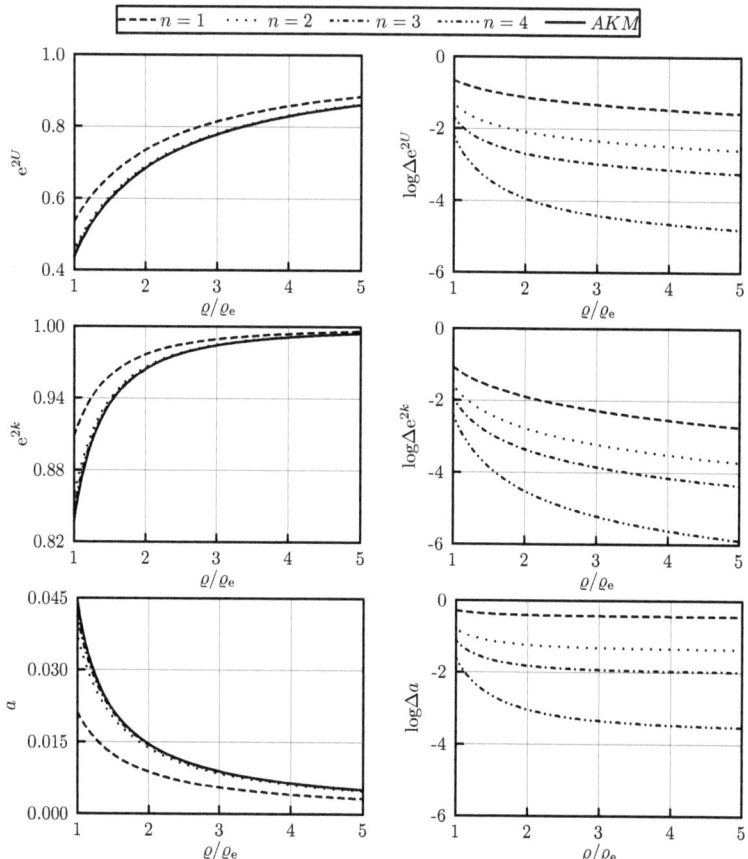

Abbildung 4.14: Metrische Funktionen e^{2U}, e^{2k} bzw. a und relativer Fehler für $\varrho = \varrho_e \ldots 5\varrho_e$ in der Äquatorebene.

---

[7] In führender Ordnung wird e^{2U} von der Masse M und a durch den Drehimpuls J dominiert, welche beide mit den numerischen Werten nicht gut übereinstimmen (vgl. Tabelle 4.4)

Als erste Stützstelle wurde der Nordpol des Sterns gewählt, so dass auch für $n = 1$ das Potential e^{2V} dort mit dem numerischen Wert übereinstimmt. Nach Konstruktion ist damit auch der Wert von e^{2V} am Äquator mit dem am Nordpol identisch, was in Abbildung 4.15 sehr gut zu erkennen ist.

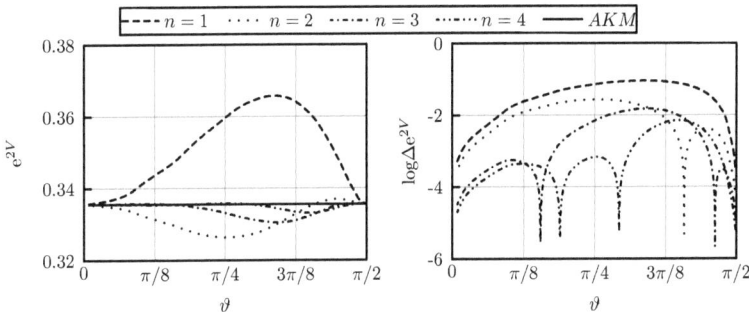

Abbildung 4.15: Potential e^{2V} und relativer Fehler als Funktion von $\vartheta := \arctan(\varrho/\zeta)$ entlang der Oberfläche $\zeta_S(\varrho)$.

Abbildung 4.16 kann auf den ersten Blick verwirrend sein, da die Schnittkurve $e^{2V}(\varrho,\zeta) = e^{2V_0}$ für $n = 1$ deutlich von der numerischen Oberflächenfunktion $\zeta_S(\varrho)$ abweicht, wobei in Abbildung 4.15 die relative Abweichung zum Äquator hin wieder abnimmt.

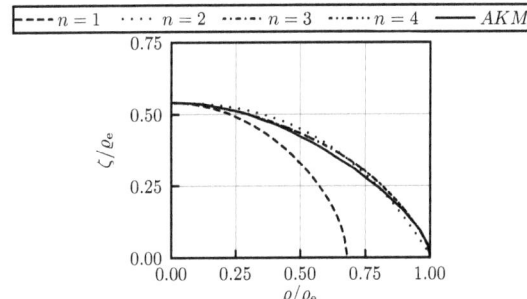

Abbildung 4.16: Schnittkurve $e^{2V}(\varrho,\zeta) = e^{2V_0}$ im Vergleich mit der numerischen Oberflächenfunktion $\zeta_S(\varrho)$.

Ein Blick auf den dreidimensionalen Verlauf der Funktion $e^{2V}(\varrho,\zeta)$ löst diesen scheinbaren Widerspruch rasch auf. Da $e^{2V}(\varrho,\zeta)$ keine monotone Funktion ist, kann es zwei Schnittkurven mit e^{2V_0} geben. In diesem Beispiel ist nun die innere Schnittkurve für $\varrho > 0$ keine gute Approximation der Sternoberfläche. Allerdings liegen für $n = 1$ die kritischen Stellen hier auf der Rotationsachse, $z(K_j) < \zeta_p$ ist gut erfüllt und Nullstellen der Nennerdeterminante gibt es nicht (vgl. Kapitel 3.4), so dass die $(n = 1)$-BÄCKLUND-Lösung bereits ab der inneren Schnittkurve gültig ist. Physikalisch sinnvoll als Außenlösung des Neutronensterns ist sie jedoch erst ab der numerischen Oberflächenfunktion oder der Schnittkurve für $n > 1$.

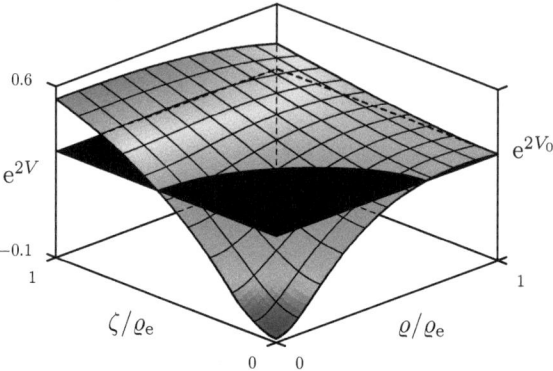

Abbildung 4.17: Verlauf von $e^{2V}(\varrho, \zeta)$ für $n = 1$ und e^{2V_0} (schwarz).

Zum Abschluss wurden auch hier wieder einige physikalische Eigenschaften berechnet und in der folgenden Tabelle dargestellt.

Tabelle 4.4: Detaillierter Vergleich physikalischer Größen, wobei $p_c = \tilde{p}_c/B$, $\Omega = \tilde{\Omega}/B^{1/2}$, $M = \tilde{M}B^{1/2}$, $R_{\text{circ}} = \tilde{R}_{\text{circ}} B^{1/2}$ und $J = \tilde{J}B$ durch die „MIT-Bag-Konstante" B normiert sind.

	AKM	B[1]	B[2]	B[3]	B[4]	ΔB[1]	ΔB[2]	ΔB[3]	ΔB[4]
p_c	2.00								
r_p/r_e	0.500								
Ω	3.43	4.20	3.57	3.48	3.45	2.2e-1	4.0e-2	1.5e-2	4.3e-3
M	0.0355	0.0293	0.0349	0.0354	0.0355	1.8e-1	1.6e-2	3.6e-3	8.3e-5
J	1.10e-3	7.12e-4	1.06e-3	1.92e-3	1.10e-3	3.5e-1	4.1e-2	9.6e-3	3.3e-4
R_{circ}	0.141	0.129	0.139	0.140	0.141	8.4e-2	1.9e-2	7.8e-3	2.4e-3
Z_p	0.726	0.726	0.726	0.726	0.726				
Z_{eq}^f	-0.302	-0.411	-0.326	-0.312	-0.305	3.6e-1	7.7e-2	3.1e-2	8.9e-3
Z_{eq}^b	2.28	2.17	2.24	2.26	2.27	5.0e-2	1.9e-2	9.8e-3	3.7e-3

4.4 Die generalisierte SCHWARZSCHILD-Klasse

Bisher wurden drei Neutronensterne, jeweils als ein Beispiel für eine bestimmte Modell-Zustandsgleichung, sehr genau untersucht. Nun sollen alle denkbaren homogenen, polytrope und *strange-quark*-Sterne der verallgemeinerten SCHWARZSCHILD-Klasse betrachtet werden. Diese ist in [SA03] und [AFK+04] beschrieben und wird durch bis zu fünf Grenzkurven definiert (vgl. auch [MAK+08]). Deshalb werden die Ergebnisse in diesem Kapitel in Abhängigkeit von drei Parametern[8] dargestellt. Diese sind in der folgenden Tabelle für den Fall homogener Neutronensterne aufgelistet.

Tabelle 4.5: Grenzkurven der generalisierten SCHWARZSCHILD-Klasse für Neutronensterne homogener Energiedichte. Angegeben sind auch die Werte, die die Parameter, welche die jeweilige Kurve charakterisieren, annehmen können. Die Konstante p_c^0 dient zur Skalierung der entsprechenden Koordinatenachse und es ist hier $p_c^0 = 1$ für homogene und polytrope sowie $p_c^0 = 8$ für *strange-quark*-Sterne.

Grenzkurve	Radienverhältnis r_p/r_e	*mass-shed-* Parameter β	normierter Zentraldruck $p_c/(p_c^0 + p_c)$
SCHWARZSCHILD	1	1	0...1
MACLAURIN	0.171...1	1	0
ε_1^+-Sequenz	0.171...0.192	0...1	0
mass-shed-Sequenz	0.192...0.573	0	0...1
$p_c = \infty$	0.573...1	0...1	1

Ersetzt man den Wert $r_p/r_e = 0.573$ durch 0.525, so erhält man die entsprechende Tabelle für *strange-quark*-Sterne. Für die polytrope Modell-Zustandsgleichung gibt es dagegen nur eine NEWTON'sche Sequenz, welche die SCHWARZSCHILD- und die *mass-shed*-Sequenz direkt verbindet.

Ziel dieses Kapitels ist es darzustellen, wie gut ein numerisch berechneter Stern in der generalisierten SCHWARZSCHILD-Klasse approximiert werden kann. Dafür wird ein Vergleichsparameter benötigt, welcher für alle möglichen Neutronensterne der hier betrachteten Modell-Zustandsgleichungen die Güte der Approximation gut beschreibt. Die relative Abweichung der metrischen Funktion e^{2U} am Äquator hat sich als brauchbar herausgestellt. Sie beschreibt, wo die Abweichung welchen Wert hat (in der Regel ist dies auch das Maximum). Zum Vergleich zweier Sterne ist dies we-

---

[8]Die generalisierten SCHWARZSCHILD-Klasse ist eine zweiparametrige Lösungsschar, allerdings ermöglicht nur die Verwendung von drei Parametern die Darstellung ggf. aller fünf Grenzkurven.

sentlich relevanter als die Kenntnis eines globalen Maximums an irgendeinem Ort. Auch das Aufsummieren der quadratischen Abweichung im gesamten Außenraum - selbst bei stärkerer Wichtung in der Nähe der Sternoberfläche - gibt keine Information darüber, wie gut die Approximation an einem bestimmten Punkt ist. Nicht zuletzt geht e^{2U} am Äquator in einige der physikalischen Größen, welche in den Tabellen des vorangegangen Kapitels aufgeführt sind, ein.

Das trifft auch auf die metrische Funktion a zu. Allerdings wurde bei der Berechnung der gesamten verallgemeinerten SCHWARZSCHILD-Klasse die „fit"-Methode verwendet, so dass a nach Konstruktion nicht besonders gut approximiert wird. Die „fit"-Methode wurde hierbei benutzt, weil sie numerisch am stabilsten ist (eine Lösung des nichtlinearen Gleichungssystems der „fitmulti"-Methode zu finden, kann sehr zeitaufwändig sein). Außerdem sind die kritschen Stellen im Gegensatz zur Konstuktion aus den m_j am Häufigsten innerhalb des Sterns.

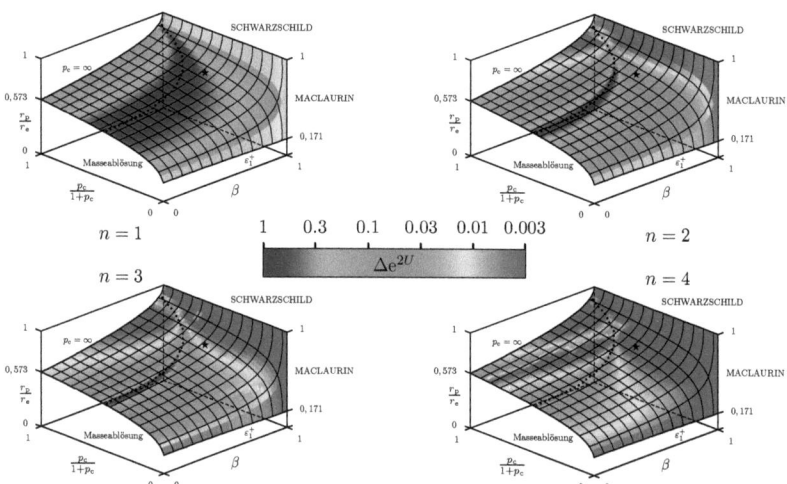

Abbildung 4.18: Relative Abweichung der $2n$-fachen BÄCKLUND-Lösung von der numerisch berechneten in der gesamten generalisierten SCHWARZSCHILD-Klasse. Der Äquator der Sterne links der gepunkteten Linie befinden sich in einer Ergosphäre. Der Beispielstern aus Kapitel 4.1 ist durch ★ markiert.

In Abbildung 4.18 steht jeder Punkt der Fläche für einen Neutronenstern in der generalisierten SCHWARZSCHILD-Klasse. Die relative Abweichung wird durch die

Farbe[9] dargestellt, wobei eine gute Approximation durch grün bis rot (entsprechend wenige Prozent und darunter) und eine schlechte durch blau (entspricht zehn Prozent und mehr) zu erkennen ist. Generell ist wieder zu sehen, dass mit wachsender Anzahl der BÄCKLUND-Parameter die Approximation genauer wird. Die gepunktete Linie teilt die Klasse in Sterne deren Äquator in bzw. außerhalb einer Ergosphäre liegen. Für $n = 2$ und $n = 3$ sieht man, allein anhand des relativen Fehlers, für welche Sterne im abgebildeten Parameterraum der Äquator in einer Ergosphäre liegt. Ist die Grenze der Ergosphäre - dort gilt $e^{2U} = 0$ - in der Nähe des Äquators, so wächst der relative Fehler an, was in der Abbildung 4.18 durch den blauen Streifen erkennbar ist.

In Abbildung 4.19 ist die generalisierte SCHWARZSCHILD-Klasse für *strange-quark*-Sterne dargestellt. Hier erkennt man sehr gut, wie die ganze Klasse mit zunehmender Anzahl an BÄCKLUND-Parametern immer besser beschrieben werden kann. Für keinen der berechneten Sterne lag der Äquator innerhalb einer Ergosphäre.

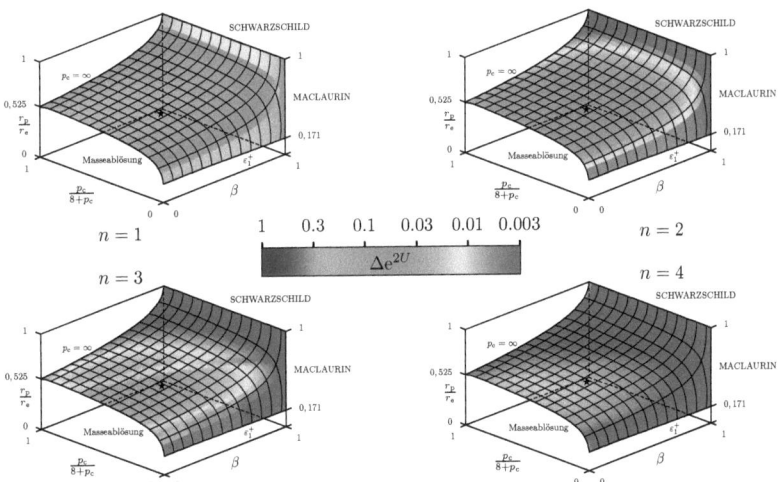

Abbildung 4.19: Relative Abweichung der $2n$-fachen BÄCKLUND-Lösung von der numerisch berechneten in der gesamten generalisierten SCHWARZSCHILD-Klasse. Der Beispielstern aus Kapitel 4.3 ist durch ★ markiert.

Die SCHWARZSCHILD-Sequenz ist bereits für $n = 1$ prinzipiell exakt beschreib-

---

[9]Fehler kleiner als 0.003 wurden ebenfalls mit rot und Fehler größer 1 mit blau dargestellt, da eine Approximationsgüte im einstelligen Prozentbereich angestebt ist und eine Erweiterung des Wertebereichs die Aussagekraft der Abbildung nicht erhöht.

bar, da sie bspw. durch die Masse M eindeutig charakterisiert ist. Mit der „fit"-Methode wird die Approximation für steigendes n besser, weil die Masse des Neutronensterns so immer besser bestimmt wird (vgl. Tabelle 4.4).

Abschließend ist in Abbildung 4.20 die generalisierte SCHWARZSCHILD-Klasse für polytrope Sterne mit Polytropenexponent $\Gamma = 2$ dargestellt. In Analogie zu den bisherigen Abbildungen in diesem Kapitel wurden auch hier die Neutronensterne in Abhängigkeit von drei Parametern dargestellt. Da diese Klasse mit $n = 3$ bereits sehr gut approximiert werden kann, wurde der Farbbereich erweitert, damit zwischen $n = 3$ und $n = 4$ noch ein Unterschied zu erkennen ist.

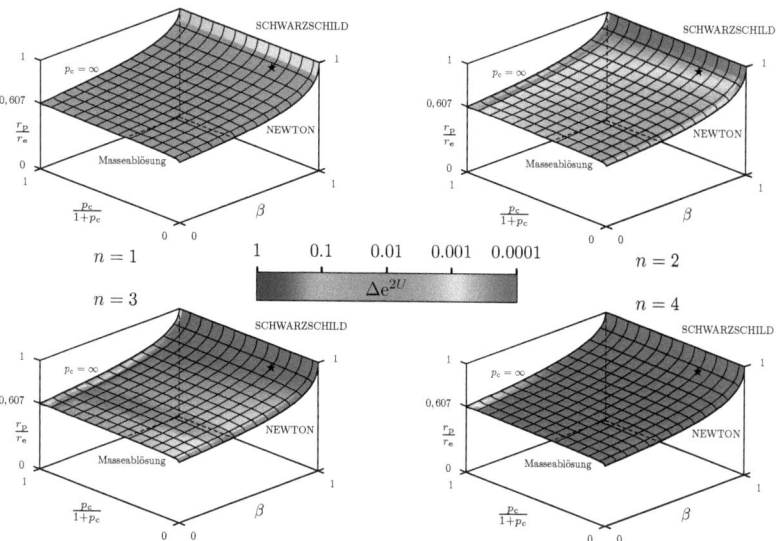

Abbildung 4.20: Relative Abweichung der $2n$-fachen BÄCKLUND-Lösung von der numerisch berechneten in der gesamten generalisierten SCHWARZSCHILD-Klasse. Der Beispielstern aus Kapitel 4.2 ist durch ★ markiert.

Der in dieser Arbeit präsentierte Algorithmus kann auf die gesamte generalisierte SCHWARZSCHILD-Klasse für die betrachteten Modell-Zustandsgleichungen angewendet werden. Es werden Genauigkeiten im einstelligen Prozentbereich erreicht, wenn man - abhängig von Zustandsgleichung und Lage des Sterns in der Klasse - die entsprechende $2n$-fache BÄCKLUND-Lösung ($n \leq 4$) zur Beschreibung heranzieht.

Zusammenfassung und Ausblick

In der vorliegenden Dissertation wurde ein Verfahren zur analytischen Approximation des Außenfeldes rotierender Neutronensterne durch exakte Lösungen der EINSTEIN'schen Vakuumfeldgleichungen präsentiert. Dazu wurden diese Feldgleichungen für die physikalisch sinnvollen Symmetrieannahmen der Axialsymmetrie und Stationarität auf die ERNST-Gleichung zurückgeführt. Diese nichtlineare partielle Differentialgleichung wurde anschließend als Integrabilitätsbedingung eines Linearen Matrixproblems identifiziert. Für dieses gibt es eine Reihe von Lösungen, wobei in dieser Arbeit nur BÄCKLUND-Lösungen der einfachen MINKOWSKI-Startlösung betrachtet werden, damit die Lösungen der Vakuumfeldgleichungen eine möglicht einfache Form annehmen, d.h. neben den Koordinaten nur noch von konstanten BÄCKLUND-Parametern abhängen.

Nachdem die Bedeutung des ERNST-Potentials auf der Rotationsachse hervorgehoben wurde, ist die Methode zur Approximation des Außenfeldes beschrieben worden. Anhand der KERR-Lösung wurde der Algorithmus veranschaulicht. Anschließend ist die analytische Außenlösung auf potentielle Singularitäten untersucht worden.

Bei der Approximation numerisch berechneter Neutronensterne im letzten Kapitel hat man zunächst einen Eindruck über die metrischen Funktionen und die Genauigkeit ihrer Approximation in der Äquatorebene erhalten. Dann wurde die Oberfläche des Sterns ausführlich untersucht und dadurch der Gültigkeitsbereich der $2n$-fachen BÄCKLUND-Lösungen definiert. Nach dem Konvergenzverhalten der Approximationsmethode wurde die generalisierte SCHWARZSCHILD-Klasse für drei Modell-Zustandsgleichungen untersucht.

Um die Singularitäten der analytischen Außenlösung besser kontrollieren zu können, ist es denkbar, BÄCKLUND-Transformationen auf andere Startlösungen anzuwenden, die bereits kritische Stellen innerhalb eines klar definierten Gebiets aufweisen. Allerdings sind dann die BÄCKLUND-Parameter α_i im Allgemeinen keine Konstanten mehr (an ihre Stelle treten die a_i) und die analytische Lösung ist nicht mehr möglichst einfach. Auch eine prinzipiell mögliche Anwendung auf relativistische Ringe wird durch die kritischen Stellen sehr stark eingeschränkt. Denn selbst wenn diese innerhalb des Rings liegen, also nicht Bestandteil der Außenlösung sind, können metrische Funktionen unstetig sein (vgl. Abbildung 3.5).

Da die Ausdrücke für die Metrik im Außenraum exakte Lösungen der EINSTEIN'schen Feldgleichungen sind, können damit relativistische Effekte, wie bspw. die Akkretion von Materie, analytisch untersucht werden. So sind zum Beispiel Geodäten analytisch[10] oder mit geringem numerischen Aufwand berechenbar.

---

[10]In der Äquatorebene sind bspw. lichtartige Geodäten vollständig integrabel (vgl. [Cha92]).

Literaturverzeichnis

[AFK+04] ANSORG, M.; FISCHER, T.; KLEINWÄCHTER, A.; MEINEL, R.; PETROFF, D. & SCHÖBEL, K. *Equilibrium configurations of homogeneous fluids in general relativity.* Mon. Not. R. Astron. Soc., **355**: 682, 2004.

[AKM02] ANSORG, M.; KLEINWÄCHTER, A. & MEINEL, R. *Highly accurate calculation of rotating neutron stars.* Astron. Astrophys., **381**: L49, 2002.

[AKM03] ANSORG, M.; KLEINWÄCHTER, A. & MEINEL, R. *Highly accurate calculation of rotating neutron stars. Detailed description of the numerical methods.* Astron. Astrophys., **405**: 711, 2003.

[Bak65] BAKER, G. A., JR. *The theory and application of the Padé approximant Method.* In K. A. Brueckner (ed.), *Advances in Theoretical Physics, Volume 1.* Academic Press, New York, 1965.

[BL67] BOYER, R. H. & LINDQUIST, R. W. *Maximal analytic extension of the Kerr metric.* J. Math. Phys., **8**: 265, 1967.

[BS04] BERTI, E. & STERGIOULAS, N. *Approximate matching of analytic and numerical solutions for rapidly rotating neutron stars.* Mon. Not. R. Astron. Soc., **350**: 1416, 2004.

[BZ78] BELINSKI, V. A. & ZAKHAROV, V. E. *Integration of the Einstein equations by the method of the inverse scattering problem and calculation of exact soliton solutions.* Zh. Eksp. Teor. Fiz., **75**: 1953, 1978.

[Cha92] CHANDRASEKHAR, S. *The mathematical theory of black holes.* Oxford University Press, New York , 1983.

[Ern68a] ERNST, F. J. *New formulation of the axially symmetric gravitational field problem.* Phys. Rev., **167**: 1175, 1968.

[Ern68b] ERNST, F. J. *New formulation of the axially symmetric gravitational field problem. II.* Phys. Rev., **168**: 1415, 1968.

[FHP89] FODOR, G.; HOENSELAERS, C. & PERJÉS, Z. *Multipole moments of axisymmetric systems in relativity.* J. Math. Phys., **30**: 2252, 1989.

[FIP86] FRIEDMAN, J. L.; IPSER, J. R. & PARKER, L. *Rapidly rotating neutron star models.* Astrophys. J., **304**: 115, 1986. Erratum. Astrophys. J., **351**: 705, 1990.

[GHL+99] GOURGOULHON, E.; HAENSEL, P.; LIVINE, R.; PALUCH, E.; BONAZZOLA, S. & MARCK, J.-A.. *Fast rotation of strange stars.* Astron. Astrophys, **349**: 851, 1999.

[Har78] HARRISON, B. K. *Bäcklund transformation for the Ernst equation of general relativity.* Phys. Rev. Lett., **41**: 1197, 1978.

[HE81] HAUSER, I. & ERNST, F. J. *Proof of a Geroch conjecture.* J. Math. Phys., **22**: 1051, 1981.

[Heu96] HEUSLER, M. *Black hole uniqueness theorems.* Cambridge University Press, Cambridge, 1996.

[Ker63] KERR, R. P. *Gravitational field of a spinning mass as an example of algebraically special metrics.* Phys. Rev. Lett., **11**: 237, 1963.

[KN68] KRAMER, D. & NEUGEBAUER, G. *Zu axialsymmetrischen stationären Lösungen der Einsteinschen Feldgleichungen für das Vakuum.* Commun. Math. Phys., **10**: 132, 1968.

[KNM91] KRAMER, D.; NEUGEBAUER, G. & MATOS, T. *Bäcklund transforms of chiral fields.* J. Math. Phys., **32**: 2727, 1991.

[Kor95] KORDAS, P. *Reflection-symmetric, asymptotically flat solutions of the vacuum axistationary Einstein equations.* Class. Quantum Grav., **12**: 2037, 1995.

[Kra80] KRAMER, D. *On the algebraic calculation of new solutions.* In *Abstracts of contributed papers volume 1 (Proceedings of the Ninth International Conference on General Relativity and Gravitation)*, 42, Jena, 1980.

[KT66]   KUNDT, W. & TRÜMPER, M. *Orthogonal decomposition of axisymmetric stationary spacetimes.* Z. Phys., **192**: 419, 1966.

[Lew32]   LEWIS, T. *Some special solutions of the equations of axially symmetric gravitational fields.* Proc. Roy. Soc. Lond. A, **136**: 176, 1932.

[Lic33]   LICHTENSTEIN, L. *Gleichgewichtsfiguren Rotierender Flüssigkeiten.* Springer, Berlin, 1933.

[Lin92]   LINDBLOM, L. *On the symmetries of equilibrium stellar models.* Phil. Trans. R. Soc. Lond. A, **340**: 353, 1992.

[Mai78]   MAISON, D. *Are the stationary, axially symmetric Einstein equations completely integrable?* Phys. Rev. Lett., **41**: 521, 1978.

[MAK+08] MEINEL, R.; ANSORG, M.; KLEINWÄCHTER, A. NEUGEBAUER, G. & PETROFF, D. *Relativistic figures of equilibrium.* Cambridge University Press, Cambridge, 2008.

[Mau08]   MAUCHER, F. *Lösungen der Ernst Gleichung mit rationalem Achsenpotential.* Diplomarbeit, Friedrich-Schiller-Universität Jena, 2008.

[MN95]   MEINEL, R. & NEUGEBAUER, G. *Asymptotically flat solutions to the Ernst equation with reflection symmetry.* Class. Quantum Grav., **12**: 2045, 1995.

[MR98]   MANKO, V. S. & RUIZ, E. *Extended multi-soliton solutions of the Einstein field equations.* Class. Quantum Grav., **15**: 2007, 1998.

[MS93]   MANKO, V. S. & SIBGATULLIN, N. R. *Construction of exact solutions of the Einstein-Maxwell equations corresponding to a given behaviour of the Ernst potentials on the symmetry axis.* Class. Quantum Grav., **10**: 1383, 1993.

[Neu79]   NEUGEBAUER, G. *Bäcklund transformations of axially symmetric stationary gravitational fields.* J. Phys. A: Math. Gen., **12**: L67, 1979.

[Neu80a] NEUGEBAUER, G. *A general integral of the axially symmetric stationary Einstein equations.* J. Phys. A: Math. Gen., **13**: L19, 1980.

[Neu80b] NEUGEBAUER, G. *Recursive calculation of axially symmetric stationary Einstein fields.* J. Phys. A: Math. Gen., **13**: 1737, 1980.

[Neu96]　　NEUGEBAUER, G. *Gravitostatics and rotating bodies.* Proc. 46th Scottish Universities Summer School in Physics (Aberdeen), In Hall, G. S. & Pulham, J. R. (eds.), *General Relativity.* Institute of Physics Publishing, Bristol, 1996.

[NH09]　　NEUGEBAUER, G. & HENNIG, J. *Non-existence of stationary two-black-hole configurations.* Gen. Rel. Grav., **41**: 2113, 2009.

[NK83]　　NEUGEBAUER, G. & KRAMER, D. *Einstein-Maxwell solitons.* J. Phys. A: Math. Gen., **16**: 1927, 1983.

[NM65]　　NELDER, J. A. & MEAD, R. *A simplex method for function minimization.* Comput. J., **7**: 308, 1965.

[NM95]　　NEUGEBAUER, G. & MEINEL, R. *General relativistic gravitational field of a rigidly rotating disk of dust: solution in terms of ultraelliptic functions.* Phys. Rev. Lett., **75**: 3046, 1995.

[NM03]　　NEUGEBAUER, G. & MEINEL, R. *Progress in relativistic gravitational theory using the inverse scattering method.* J. Math. Phys., **44**: 3407, 2003.

[NSGE98]　NOZAWA, T.; STERGIOULAS, N.; GOURGOULHON, E. & ERIGUCHI, Y. *Construction of highly accurate models of rotating neutron stars - comparison of three different numerical schemes.* Astron. Astrophys. Supp., **132**: 431, 1998.

[PA08]　　PAPPAS, G. & APOSTOLATOS, T. A. *Faithful transformation of quasi-isotropic to Weyl Papapetrou coordinates: a prerequisite to compare metrics.* Class. Quantum Grav., **25 (22)**: 228002, 2008.

[Pap66]　　PAPAPETROU, A. *Champs gravitationnels stationnaires à symétrie axiale.* Ann. Inst. H. Poincaré A, **4**: 83, 1966.

[Pap09]　　PAPPAS, G. *Matching of analytical and numerical solutions for neutron stars of arbitrary rotation.* J. Phys.: Conf. Ser., **189**: 012028, 2009.

[Rob75]　　ROBINSON, D. C. *Uniqueness of the Kerr black hole.* Phys. Rev. Lett., **34**: 905, 1975.

[SA03] SCHÖBEL, K. & ANSORG, M. *Maximal mass of uniformly rotating homogeneous stars in Einsteinian gravity.* Astron. Astrophys., **405**: 405, 2003.

[SC02] STUTE, M. & CAMENZIND, M. *Towards a self-consistent relativistic model of the exterior gravitational field of rapidly rotating neutron stars.* Mon. Not. R. Astron. Soc., **336**: 831, 2002.

[Sch16] SCHWARZSCHILD, K. *On the gravitational field of a mass point according to Einstein's theory.* Sitzungsber. Deutsch. Akad. Wiss. Berlin, Kl. Math. Phys. Technik, 189, 1916.

[SKM+03] STEPHANI, H.; KRAMER, D.; MACCALLUM, M.; HOENSELAERS, C. & HERLT, E. *Exact solutions of Einstein's field equations.* Cambridge University Press, Cambridge, 2003.

[ST83] SHAPIRO, S. L. & TEUKOLSKY, S. A. *Black holes, white dwarfs, and neutron stars: The physics of compact objects.* John Wiley, New York, 1983.

[TFM11] TEICHMÜLLER, C.; FRÖB, M. B. & MAUCHER, F. *Analytical approximation of the exterior gravitational field of rotating neutron stars.* Class. Quantrum Grav., **28**: 155015, 2011.

[Too65] TOOPER, R. F. *Adiabatic fluid spheres in general relativity.* Astrophys. J., **142**: 1541, 1965.

Danksagung

An diese Stelle möchte ich mich zuerst bei meinem Doktorvater Prof. REINHARD MEINEL für seine hervorragende wissenschaftliche Betreuung bedanken. Durch die Bereitstellung eines sehr interessanten Themas und der Bereitschaft dieses zu betreuen, konnte ich weiter auf dem Gebiet der Gravitationstheorie arbeiten. Er nahm sich stets die Zeit, um mit mir über angefallene Probleme zu diskutieren und seine Anregungen und konstruktiven Vorschläge haben zur stetigen Weiterentwicklung dieser Arbeit beigetragen.

Für die zahlreichen fachlichen Diskussionen und die angenehme Arbeitsatmosphäre möchte ich mich bei der gesamten Arbeitsgruppe recht herzlich bedanken. Darunter sind FABIAN MAUCHER und MARKUS FRÖB hervorzuheben, da Sie bei der Entwicklung des Algorithmus bzw. der numerischen Umsetzung eine große Hilfe waren.

Für die Durchsicht des Manuskriptes bin ich SVEN RAUH, NILS KÄSTNER und MARTIN BREITHAUPT sehr dankbar. Bei den Profs. CLAUS LÄMMERZAHL, THOMAS WOLF, MARCUS ANSORG und GERNOT NEUGEBAUER möchte ich mich für die Bereitschaft zur Begutachtung bedanken.

i want morebooks!

Buy your books fast and straightforward online - at one of world's fastest growing online book stores! Environmentally sound due to Print-on-Demand technologies.

Buy your books online at
www.get-morebooks.com

Kaufen Sie Ihre Bücher schnell und unkompliziert online – auf einer der am schnellsten wachsenden Buchhandelsplattformen weltweit! Dank Print-On-Demand umwelt- und ressourcenschonend produziert.

Bücher schneller online kaufen
www.morebooks.de

VDM Verlagsservicegesellschaft mbH
Heinrich-Böcking-Str. 6-8
D - 66121 Saarbrücken

Telefon: +49 681 3720 174
Telefax: +49 681 3720 1749

info@vdm-vsg.de
www.vdm-vsg.de

Printed by Books on Demand GmbH, Norderstedt / Germany